U0087919

鸚鵡螺
數學叢書

藉題發揮
得意忘形

葉東進 著

教是藉題發揮
學則得意忘形

三民書局

國家圖書館出版品預行編目資料

藉題發揮　得意忘形 / 葉東進著.－－初版一刷.－－
臺北市: 三民, 2013
　　面;　公分.－－(鸚鵡螺數學叢書)

ISBN 978－957－14－5735－2　(平裝)

1. 數學

310　　　　　　　　　　　　　　　　101021084

© 　藉題發揮　　得意忘形

著　作　人	葉東進
總　策　劃	蔡聰明
責任編輯	林澤榮
美術設計	黃宥慈

發　行　人	劉振強
發　行　所	三民書局股份有限公司
	地址　臺北市復興北路386號
	電話　(02)25006600
	郵撥帳號　0009998－5
門　市　部	(復北店) 臺北市復興北路386號
	(重南店) 臺北市重慶南路一段61號

| 出版日期 | 初版一刷　2013年1月 |
| 編　　　號 | S 316750 |

行政院新聞局登記證局版臺業字第○二○○號

有著作權‧不准侵害

ISBN　978-957-14-5735-2　　(平裝)

http://www.sanmin.com.tw　三民網路書店

小貝殼
攜帶著大海的訊息
來到海灘上

藉題發揮

　　教師如果能夠藉著幾個問題的提出、解決及拓廣，統合學生學過的知識，帶領他們經由分析以探索解題的可能方法，最後並且啟發學生，讓他們嘗試著從問題的結論中進一步地去聯想、猜想可能的推展。教學生學的不只是一片片的葉子，而是枝枝的樹幹，甚至是連結到主幹。既見到樹之形貌，也瞭解樹之成長。如果教師真有如此作為，那麼數學課堂將會是多麼令人欣羨又叫人期待之所！

得意忘形

　　學習不能只是為了應付考試之需而止於死背公式、死記定理。重複地操練類型解題，無助於視野的提昇。與其花許多時間作機械式的演練，不如下番苦功夫，把公式、定理的來龍去脈好好地搞清楚：為何需要這個定理？它的內涵是什麼？它解決了眼前什麼樣的問題？它的推導過程用及哪些已知的觀念及知識？能否有不同的角度看待這個定理？自己可以完全清楚地證明這個定理嗎？公式可以順暢地導出嗎？如果肯下這種苦功，學習必會像倒吃甘蔗，且是苦盡而甘來。

《鸚鵡螺數學叢書》總序

本叢書是在三民書局董事長劉振強先生的授意下，由我負責策劃、邀稿與審訂。誠摯邀請關心臺灣數學教育的寫作高手，加入行列，共襄盛舉。希望把它發展成為具有公信力、有魅力並且有口碑的數學叢書，叫做「鸚鵡螺數學叢書」。願為臺灣的數學教育略盡棉薄之力。

1. 論題與題材

舉凡中小學的數學專題論述，教材與教法，數學科普，數學史，漢譯國外暢銷的數學普及書，數學小說（例如小川洋子的博士熱愛的算式），還有大學的數學論題：數學通識課的教材、微積分、線性代數、初等機率論、初等統計學、數學在物理學上的應用、…等等，皆在歡迎之列。在劉先生全力支持下，相信工作必然愉快並且富有意義。

我們深切體認到，數學知識累積了數千年，內容多樣且豐富，浩瀚如汪洋大海，數學通人已難尋覓，一般人更難以親近數學。因此每一代的人都必須從中選擇優秀的題材，重新書寫，以更好的講法，注入新觀點、新意義、新連結。從舊典籍中發現新思潮，讓知識和智慧與時推移，與時俱進，活化數學，給數學賦予新生命。本叢書希望聚焦於當今臺灣的數學教育所產生的問題與困局，以幫助年輕學子的學習與教師的教學，舉例來說，我們期待有人能為中學師生寫一本簡明的數學史。

從中小學到大學的數學課程，被選擇來當教育的題材，幾乎都是很古老的數學。但是數學萬古常新，沒有新或舊的問題，只有寫

得好或壞的問題。兩千多年前，古希臘所證得的畢氏定理，在今日多元的光照下只會更加輝煌、更寬廣與精深。自從古希臘的成功商人、第一位哲學家兼數學家泰利斯（Thales, 約 640–548 B.C.）首度提出兩個石破天驚的宣言：數學要有證明，以及要用自然的原因來解釋自然現象（拋棄神話觀與超自然的原因）。從此，開啟了西方理性文明的發展，因而產生數學、科學與民主，幫助人類從農業時代走到工業時代，以至今日的電腦資訊文明。這是人類從野蠻蒙昧走向文明開化的歷史。

古希臘的數學結晶於歐幾里德（Euclid, 約 325–265 B.C.）13 冊的原本 (The Elements)，包括平面幾何、數論與立體幾何；加上阿波羅紐斯（Apollonius, 約 262–190 B.C.）8 冊的圓錐曲線論；再加上阿基米德 (Archimedes, 287–212 B.C.) 求面積、體積的偉大想法與巧妙計算，使得他幾乎悄悄地來到微積分的大門口。這些內容仍然都是今日中學的數學題材。我們希望能夠學到大師的數學，也學到他們的高明觀點與思考方法。

目前中學的數學內容，除了上述題材之外，還有代數、解析幾何、向量幾何、排列與組合、記述統計、最初步的機率與統計推理（區間推估，信賴區間與信心水準）、初步的線性代數（線性規劃、一次聯立方程組、矩陣與行列式）、初步的微積分（只探討多項函數的簡單情形）。對於這些題材，我們希望本叢書都會有人寫專書來論述。

一切文明都是人類在特定時空與社會環境背景下所創造出來的（發現或發明）。因此，面對古老的題材，我們特別要強調數學史的、人文的、物理的、方法論的、⋯諸要素的融合，還要講究統合與連貫性，讓讀者的經驗與知識之增長，有系統地逐漸挖深與拓展。數學是一部最精純的方法論，只有連貫的知識才會是美而有用，並且容易掌握。

古希臘的畢氏學派 (Pythagorean school) 認為宇宙 (Cosmos) 是有秩序的，按自然律 (laws of nature) 在運行，並且可以用理性（logos，邏格思）來掌握。這個 logos 的核心就是 logic 與數學，所以他們提出「萬有皆數，數統治著宇宙」(All is number. Number rules the universe.) 的偉大思想。後來哲學家柏拉圖 (Plato, 427–347 B.C.) 創立雅典學院，在門口標舉「不懂幾何學的人不得進入此門」，並且對於數學大大稱讚說：

> 上帝永遠在做幾何化的工作。幾何志在永恆的知識。幾何引導靈魂走向真理，創造出哲學的氛圍。算術具有強大的提昇力量，迫使靈魂只對抽象的數作計算與推理，不讓可見或可觸摸的東西進入論證之中。

文藝復興（約 1400–1600）之後，現代科學之父伽利略 (Galileo, 1564–1642) 也強調：「偉大的自然之書 (The Book of Nature) 是用數學語言寫成的，不懂數學就讀不懂這本書。」發明微積分的萊布尼茲 (Leibniz, 1646–1716) 更宣稱：「世界上所有的事情都按數學的規律來發生。」法國偉大的數學家、數學通人 Poincaré (1854–1912) 說：「大自然是數學問題最豐富的泉源」。他又說：

> 數學家並不是因為純數學有用而研究它；
> 他是因為喜愛而研究它，他喜愛它是因為它美麗。

他們全都在強調數學本身的真與美，以及用來研究宇宙大自然的無窮威力。在人類歷史上，講究「唯用是尚」的民族，數學與科學都沒有什麼發展，誠如數學家項武義教授所說的「唯用是尚，則難見精深，所及不遠」。

　　數學是科學的語言，是人類理性文明的骨幹，是說理論證的典範。數學是一種科學，一種哲學，一種藝術，一種語言。數學作為一種語言，包括四個層次：

自然語言 (natural language)，專技語言 (technical language)
符號語言 (symbolic language)，圖形語言 (graphic language)

翻開任何一本數學書，都可以看到這四種語言。自然語言就是我們日常生活所用的語言；專技語言是數學的專門術語，例如虛數、函數、方程式、微分、積分等；符號語言是數學的主要特色，數學大量用記號來表達其內涵，例如代數的 x，函數 $y = f(x)$，三角形面積的 Heron 公式 $\Delta = \sqrt{s(s-a)(s-b)(s-c)}$；最後是圖形語言，數學研究的兩大主題是數與形，形就是圖形，坐標系使得數形結合成一家，並且具有更寬廣的發展潛力（例如高維空間）。面對抽象的東西通常作個圖解才好理解，因為「數缺形少直覺，形缺數難入微」。

　　在四種語言中，比較讓學子困擾的是專技與符號語言。誠如 Laplace 所說：「數學有一半是記號的戰爭」。因此，創造適當的記號與掌握記號，是掌握數學的要訣。這跟小孩子學習母語一樣，嘗試改誤 (trial and error)，多做練習，是必要的功夫。

2. 讀者的對象

　　本叢書要提供豐富的、有趣的且有見解的數學好書，給小學生、中學生到大學生以及中學數學教師研讀。我們會把每一本書適用的讀者群，定位清楚。一般社會大眾也可以衡量自己的程度，選擇合適的書來閱讀。我們深信，閱讀好書是提昇與改變自己的絕佳方法。

　　教科書有其客觀條件的侷限，不易寫得好，所以應該要有其它的數學讀物來補足。本叢書希望在寫作的自由度差不多沒有限制之下，寫出各種層次的書，讓想要進入數學的學子有好的道路可走。看看歐美日各國，無不有豐富的普通數學讀物可供選擇。這也是本叢書構想的發端之一。

　　學習的精華要義就是，儘早學會自己獨立學習與思考的能力。當這個能力建立後，學習才算是上軌道，步入坦途。可以隨時學習，終身學習，達到「真積力久則入」的境界。

　　我們要指出：學習數學沒有捷徑，必須要花時間與精力，用大腦思考才會有所斬獲。不勞而獲的事情，在數學中不曾發生。找一本好書，靜下心來研讀與思考，才是學習數學最平實的方法。遇到問題，有能力找到好書，自己閱讀，找同學或老師討論，以尋求解決之道。古希臘的原子論大師 Democritus（約 460–362 B.C.）說：「我只要尋得問題的答案，即使波斯帝國我都不換」。自己想出的一個答案，勝過別人告訴你的一千個答案。

3. 鸚鵡螺的意象

本叢書採用鸚鵡螺 (Nautilus) 貝殼的剖面所呈現出來的奇妙螺線 (spiral) 為標誌 (logo)，這是基於一個我喜愛的數學典故，也是我對本叢書的期許。

鸚鵡螺貝殼的剖面

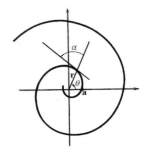
等角螺線

鸚鵡螺貝殼的螺線太迷人了。它是等角的，即向徑與螺線的交角 α 恆為不變的常數 ($\alpha \neq 0°, 90°$)，從而可以求出它的極坐標方程式為 $r = ae^{\theta \cot\alpha}$，所以它叫做指數螺線 (the exponential spiral) 或等角螺線 (the equiangular spiral)；也叫做對數螺線 (the logarithmic spiral)，因為取對數之後就變成阿基米德螺線。這條曲線具有許多美妙的數學性質，例如自我形似 (self-similar)，它是飛蛾撲火的路徑，又跟黃金分割 (golden section) 與費氏數列 (Fibonacci sequence) 都有密切的關係，結合著數與形、代數與幾何、藝術與美學、建築與音樂，讓瑞士數學家 Jakob Bernoulli (1654–1705) 著迷，要求把它刻在他的墓碑上，並且刻上一句拉丁文：

Eadem Mutata Resurgo

此句的英譯為：

Though changed, I arise again the same.

意指「雖然變化多端，但是我仍舊照樣升起」。這蘊含有「變化中的不變」之意，象徵規律、真與美。

4. 給讀者的建議

在電腦資訊時代，提出問題與解決問題的能力，以及創意的培養，是教育與學習的核心。地球的資源有限，只有創意是無窮的，是創意在推動著世界。數學有最豐富的材料與問題可以鍛鍊這些能力，並且只有數學可以不獨斷地以說理的方式來教導這些東西，提供給學子自己找尋與發現的機會。

　　數學的主要特色是不斷的抽象拔升，這是為了抓住本質，達到一般化與普遍化的境界，以觸摸無窮。數學透過計算、邏輯推理與

證明來掌握一切，但是不要忘記，直觀與想像力才是數學的領頭羊。順便一提，計算也是至精至簡的證明。

再來是數學作文，這包括閱讀與表達的能力。不但要能夠讀懂書本與問題的敘述，而且還要能夠透過口頭與書寫，流暢地說理論述。這些能力都是目前學子最薄弱的一環，要努力補強。

徹底解題與後續處理的重要性：藉著解題，將所涉及的數學概念、公式、定理與方法都切實地掌握住，把觸鬚伸出去，跟周邊的東西連結，向四面八方擴散。我們要強調，數學的解題貴在徹底，而不在於多。解完題之後，還要再作一番回味與整理，融入所學的一般理論體系之中，得到理解。

對於數學教師而言，必須深切體認到，學子的心靈不是一個桶子，有待填滿，而是一把火種，需要點燃，之後就會自己燃燒。其次，要讓學子對數學有所感動，一個必要條件是教師要先對數學有所感動；若缺此，那麼教師學習再多的教育理論與教學技巧都於事無補。

當然，好的教學法不唯一，從理想的蘇格拉底教學法（一對一的對話啟發），到填鴨背記的教學法，在這兩極之間存在有許多好的教學法與優秀教師。重點是，教師要找尋與建立自己獨特的風格 (style)。教與學是一體的兩面。教學是一種藝術，要教導理解，這端賴教師的學識與創意安排。

在今日變遷這麼快速的時代，舊典範已破，新典範未立，好壞雜陳。一方面是社會充斥著浮誇，功利當道，鋪天蓋地；另一方面是新事物如雨後春筍。在這種充滿著危機與轉機的情況下，有志與有眼光的青年，不要隨波逐流，應該及早領悟，終究是要沉潛下來，努力經營頭腦，做扎實的基本功夫，掌握數學的精神要義，才能走更寬廣且更長遠的道路。

發明集合論以征服無窮的 Georg Cantor (1845–1918) 有兩句名言：

1. The art of asking right questions in mathematics is more important than the art of solving them.

   (在數學中，提出正確問題的藝術比解決問題的藝術更重要。)

2. The essence of mathematics lies in its freedom.

   (數學的本質在於它的自由。)

這已經變成數學的格言，至今依然擲地有聲，膾炙人口。我引出來跟讀者分享與共勉。

　　鸚鵡螺來自海洋，海浪永不止息地拍打著海岸，啟示著恆心與毅力之重要。最後，期盼本叢書如鸚鵡螺線之「歷劫不變」，在變化中照樣升起，帶給你啟發的時光。

眼閉
從一顆鸚鵡螺
傾聽真理大海的吟唱

靈開
從每一個瞬間
窺見當下無窮的奧妙

了悟
從好書求理解
打開眼界且點燃思想

蔡聰明

2012 年末

推薦序一

一開始，主編聰明找我寫推薦詞的時候，我是很爽快地拒絕了！

我說：「當然，我的名氣是夠格的，而且，為這本書寫推薦詞，我認為是增加了楊維哲的光彩！非常值得，也非常快樂！」

「但是，在臺灣的所有的（我認得的）數學教育家之中，功力與才氣，與葉東進相當的人，我想只有黃武雄教授。我稍微不配。你聽我的話，找黃武雄吧。」

聰明最終沒有找到黃武雄，（當然已經盡了力了，）我就爽快地接受了！

實際上，我跟葉東進並不算熟。但卻是有些緣份，而且也相當投緣。

記得新竹園區的實驗中學剛剛成立的時候，我被請去參與師資的挑擇。結果我一點兒也不用傷腦筋，就挑出第一人選葉東進。（事後發現：就任的是第二人選。這種奧妙，當然不是讀數學的人讀得懂的。我猜想一定是某個地方出了問題。橫直以後我也沒有再去實驗中學了。）

數年後，葉東進還是去園區實驗中學任教。（當然這是園區實驗中學的幸運！）我與他，在數學教育的種種場合，或者數學傳播的活動，偶而還是會碰面。

很主觀的我，還是把他歸類到吳隆盛、林聰勤、王湘君、阮貞德等等這些優秀的教師之中。優秀的教師當然所在都有，葉東進較為突出的是常常有很清楚的主見，而且會清楚地、很樂意地表達出來。

　　這樣說是有一點點矛盾：通常不容易看到葉東進熱烈開朗的燦笑，他的畫作中，反倒自然地流露出忍耐的鬱卒，黯淡的色調。不過，在（曉明女中，或者實驗中學的）講壇上黑板前，面對著（總有幾個）可教的孺子，他就不自禁地快樂起來了！

　　我知道東進經歷過極大的壓迫，以及極大的傷痛，可是我還是認為他到此為止的生涯，讓我敬羨：因為他同時是一個數學教育家，一個畫家，一個詩人。在三方面，他都已經有了很好的「作品」。

　　我不知道他自己最滿意的是哪一個身份，我猜，不是「數學教師」。但我想：教學時，盡情迅速即興的傾注，和畫圖時的逐步經營，寫詩時的捕捉推敲，雖然是很不一樣，不過，因著認真，有才氣的人，都會得到很大的快感。

　　所以我認為：恰好在這個時機，聰明得到他的首肯，為這系列寫一本書，是非常美好的一件事。「退休之後」，於東進，是「人生的下冊」，重點是在詩與畫。但是，寫一些數學教育的東西，不但不會妨礙他的詩畫創作，而且可以說是很好的調劑。不，我不是純只為他著想，我更為臺灣的數學教育著想。

　　這一冊「數學的小品文」集，30 篇文章，最大的部分是「數學教育」。有許多篇，就明白地說是討論教學法 (pedagogy) 的。我希望臺灣的中學（從初一到高三）數學教師，都來讀這一本書：它言之有物，而且一定會引發你自己的一些（教學法的）想法。對於這類教師讀者，閱讀這本書時，最好的方式就是「設想與作者論辯」，或者寫一些補充，或者最少寫下你「不以為然」之處。

　　有許多篇，我相信是葉東進從前寫給學生的補充讀物。（現在稍加改寫或增補。）因此，這一本書，也是高中學生極佳的補充讀物。什麼樣的高中學生？數學資優生。（不過，根據我的定義，幾乎人人資優。只要不是大蠢若智。）就找你讀得懂的幾篇先讀。對於學生讀者，雖然那些教學法的討論不是你的主要目的，不過，葉

東進的教學法的哲學，本來就是以「學生會怎麼想，該怎麼想」作主軸，所以讀起來必然另有心得。

　　我當然應該指出：以數學的眼光，書中最難的一篇應該是第20篇，它是非歐幾何的淺介。我覺得這一篇寫得很好，多讀幾遍，多想，你可以讀懂，什麼是非歐幾何學。

　　最後，由第16章的挑戰題，讓我聯想起這個疑問：「Apollonius 圓」現在教不教？ Apollonius 說：平面上，給了兩定點，而動點到這兩定點的距離之比為定值，則動點的軌跡是一圓。（我猜：葉東進當然會教。教過了才會出這樣子的挑戰題。）（科幻地說，）若六十年前的楊維哲是這本書的讀者，而在這第16篇挑戰題的前面，先提一下這個 Apollonius 的定理，那會給我更大的好處：因為我那時候大概沒有見過這個定理，但是我大概可以用坐標法計算出來這個定理，然後我就面臨挑戰了！

　　啊！如果我初一時買到這本書，我在高三畢業前，會讀過 n 遍。

楊維哲

2012 年末

推薦序二

多年前我在科學月刊當數學編輯時，在 1995 年 4 月接到當時任教於新竹科學園區實驗中學的葉東進投稿 (本書第 26 章)，跟他通信，開始認識他。今年 (2012 年) 三月我到新竹實驗中學演講，從林淑真老師得知任教於該校的 "葉老大" (是尊稱) 已經退休，選擇隱居在美麗的埔里，以作畫為生，並且開過多次的畫展。我立刻想到，邀請他為三民書局的 "鸚鵡螺數學叢書" 寫書，把走過的足跡留下來，這是多麼美好的事情。很高興，他爽快就答應。

葉老師是寫數學、繪畫兼寫詩三合一的人，他的作品都曾經感動過我。歷來藝術家又會數學，或數學家又會繪畫的人，如鳳毛麟角。葉老師是例外，他文理雙全。他是優秀數學教師的典範，他很能夠掌握住數學的美妙風味，就如同他能夠輕易掌握住藝術的美。數學與藝術都要講究美，這對於當今只見到數學面目可憎的學子來說，簡直是天方夜譚，然而葉老師卻能夠透過數學、繪畫與詩悠遊於真與美之間。我建議他把這三種創作都在本書中呈現出來，以饗讀者。我覺得這是讀者的福氣。

葉老師是第一線的數學教師，有最直接且生動的教學經驗，他在課堂上隨時都在注入數學的活水與思考方法論，這種精神值得中學的數學教師學習。只要讀過他的文章，馬上就能嗅到，他的諄諄教誨，努力展現數學探索的發現過程，以及過程中的觀察與歸納、分析與綜合、類推與連貫，甚至上升到數學家兼數學教育的 "教父" George Pólya (1887 – 1985) 的教學理想境界：

Teach to think. Guess and test.

（教導思考。先猜測後檢驗。）

相較於 "不講解道理的只餵給學生公式與答案，然後是背記，大量考試" 之流行數學教學，這是多麼彌足珍貴啊。

數學家 Hilbert (1862 – 1943) 說：

Mathematics is the science of infinity.

（數學是研究無窮的學問。）

數學的所有概念、公式與定理背後都涉及無窮多的對象。數學家經常做的事情是「聞一知無窮」，從少數幾個特例的觀察，就洞察（飛躍）到普遍的模式，這是驚心動魄的創造性工作。畫家梵谷 (Vincent Van Gogh, 1853 – 1890) 也說：

我在畫無窮。我把整個身體與靈魂全放進我的作品裡，這令我瘋狂。

物理學大師愛因斯坦 (Albert Einstein, 1879 – 1955) 說：

我們所能擁有的最美麗的經驗是對神秘的體驗。它是站在真正藝術與真正科學的搖籃旁邊的基本感情。體驗不到它並且對周遭不再驚奇、不再讚賞的人，無異是行屍走肉，並且他的眼睛是暗淡的。

詩人雪萊 (Shelly, 1792 – 1822) 在詩的辯護 (A Defence of Poetry) 裡說：

詩揭開這個世界所隱藏的美，讓平凡的事物變成非凡。

　　神秘、真、美與無窮是數學（科學）與藝術共通的元素。它們是理一分殊，同根共貫，有機連結在一起的。

　　葉老師在本書中把這些元素都融合在一起，讓它們共舞。因此，這是一本很另類的數學書，能夠點燃思想，增加數學內功。本書能夠誘導學子儘早養成自己會獨立學習與思考的能力，教師讀了也能增進教學的功力。值此 12 年國教要上路的前夕，對於數學的教學與學習，不論是採取什麼學習的理論或模式（例如「學習共同體」或「合作學習」的模式），最重要的事情還是在於教師專業能力的充實與提升，否則做什麼事情都會落空。

　　在此我願極力推薦本書給年輕學子與中學的數學教師研讀。

蔡聰明

2012 年末

推薦序三

　　這篇序言對我而言意義重大，容我先囉嗦一番。

　　高中時的我，正值懵懵懂懂、懶懶散散的年齡，從不知讀書的辛苦，從沒用過參考書，從沒上過補習班，但我卻從沒怕過數學。因為我的數學老師，總是戴著眼鏡，掛著淺笑，緩著語調，慵慵懶懶的訴說著數學故事，而我總是不知不覺的沉醉於故事的情節中，思考著故事的來龍去脈，享受著故事的曲曲折折。也許我永遠沒辦法拿到滿分，因為在考試時我總是得花時間思考一些沒見過的試題，我總是得花時間把沒背過的公式重新推導出來，但我卻從沒感到考試的壓力，因為我只不過在重演課堂中的數學故事，有時甚至享受自己拍故事續集的樂趣。就讀臺師大數學系時，好朋友總不解我為何能不用功就名列前茅，無他，因為大學的期中、期末考試，二個小時給你六題，你不用快，重點是你會不會！也許數學系的都會說高中、大學數學考試大不同，但我在考試中所經驗的，卻是相同的歷程，那就是思考的樂、解題的趣、發現的悅！

　　這一切的來源，就是一位從沒處罰過學生，總在數學課中導演著數學故事的我的高中數學老師——本書作者葉東進！

　　今天我帶著無比雀躍的心情來寫這篇序言，拜讀東進老師的大作，豁然發現原來老師功力如此深厚，年輕時的我不懂為何老師教得那麼清楚、讓我那麼容易理解與喜歡，甚至至今仍記得某些內容他是怎麼教的。如今，自己功力漸長，再回來看老師的書，終於知道老師能如此教學，並非偶然，因為這本書中一篇一篇的數學故事，充滿數學即溝通、推理、連結、解題、表徵的影子。雖說書本

是死的，教師是活的，但東進老師讓我體會到的不是一位活的教師，而是一套活的教材；東進老師從不重視語調是否抑揚頓挫，上課是否幽默風趣，他重視的是如何在我們空白的腦中打上數學概念的底色，在哪個位置替我們畫上一個啟蒙例的葉片，怎麼構圖來建立我們腦中的數學結構；這本書處處可見這樣的意圖。

　　書中東進老師娓娓道來，輕輕鬆鬆就將藏在生活中的現象透過數學原理緩緩展露出來，也將數學原理在生活中的體現點點呈現出來。如果把這樣的思維稱為水平的思維，那麼垂直的思維更是這本書的強項。東進老師在原理上疊上哲理，他視人為數學觀察與發現的主角，也是社會生存與思想活動的主體，人的思維同時具有分離與一體的特質，許多數學原理與人類活動之哲理是共通的。以一個例子來說：

　　在「配對問題」這篇的後記中，透過小偷開鎖，當鑰匙與鎖的數量相同時，不論這個數量是 1 或 6 或 100，平均開對的鑰匙也都只是 1 把，這與一般人直覺不同，總認為鎖越多，開對的鑰匙也越多，書中一句話「正如同文明的發展，由於愚昧，只是看到那易見的一面不斷的成長進步，卻沒看清那不易見的一面不斷的消失退化」，充滿數學思維與人類思維共通哲理。

　　這本書，處處皆驚喜，快速瀏覽者可迅速增加自己的資訊，但唯有細細品味的讀者才能體會箇中滋味！

謝豐瑞

12/21/2012 於臺師大數學系

自 序

假如我再回到教室

　　幾天前，我到一家素食自助餐廳。點完菜付帳時，看見櫃臺旁，老闆、他太太，還有一位他們念國小的孩子，三人圍坐在一圓桌上。老闆坐在孩子的對面，雙眼睜得大大的瞪著孩子在訂正他的月考試卷，太太則坐在二人之間，一語不發一臉的無奈表情。我回到桌上開始用餐時，背後不時傳來老闆的斥責以及孩子不知如何以對的無辜般的輕泣聲。過不久，很響的一聲關門，老闆抓著孩子進到屋裡去修理，然後很大的哭聲傳了出來，而老闆娘仍然無語不知所措的坐著。我回頭一瞥，感受到她的難過心情，而此同時，我卻邊吃著飯，邊掉著淚。我是很難過。

　　假如再回到教室上課，我會懷著感恩的心面對每位學生。他們以如此多樣又各自不同的學生角色來成就我這位教師。表面上是我在教，事實上，卻是他們也同時在教導並啟發我。因此，我應當視他們如自己的弟兄般地與之互動交流。因而，我會努力實現下列三項自我要求：

一、不讓學生害怕數學
　　　　別傷他們的心靈　　別挫他們的意志
二、不與學生計較分數
　　　　別讓他們心生自卑　　別要他們競爭較勁
三、不要耍弄命題技巧
　　　　別逞教師個人英雄主義　　別忘考試是為幫助教學

在竹科實中的十三年期間，我幾次帶領學生健行。倘徉山徑，穿越林野；邊走邊聊，氣氛和樂。如此的開放以及自在的師生交會，真是難忘的經驗呀！

理性與感性

黃武雄教授說我左手寫數學，右手作畫。

在實中的數學教室，壁上掛著幾幅我的畫作，書櫃裡擺著美術畫冊、小說、人文思想的書籍，以及數學期刊。學生在數學教室上課，他們自行安排，四五個人一組，圍著一張方桌而坐，彼此能夠不時地相互討論。有時，他們推派一位組中的代表，到黑板上敘說他們一組對問題的解法，其他組同學也可以上臺提出他們的另外看法。教室裡的相互激盪是我一直以來想要營造的上課氣氛。某些時候，提到一個定理的內涵或演義，過程中我會將藝術或人文裡的一些觀念放進來，那是一種和諧而非矛盾，學生的興致因此頗高。

我認為數學教師若具備人文素養，在課堂中適宜的搭配發揮，必能提高教學的成效，帶給學生的，也將是他終生的受益。

退休前，我作畫不多。1998 年離開學校，移居魚池，後至埔里，才開始有了較大量的作品。數天前，我寄了一套十張的畫卡給蔡聰明教授，卡的背面皆附有一首相應於畫的詩作。他看了喜歡，便建議我在這本數學的書冊上配以我的詩與畫，說如此將會是一本很美的書。至於是否真的很美，就看各自的感受。雖然外表看來，數學與繪畫是各自分屬不同的理性與感性層面；數學必須被理解而繪畫必須被感覺。不過，它們卻都同屬心靈的創造。既出同源，放在一塊交互呈現，在我看來，覺得也是一體和諧。

葉東進

埔里，2012

藉題發揮　得意忘形

contents

第 1 章

關於教與學

　　數學的學習，不是像學習技藝般的，一招招，一片片，它所要學的是一個主脈，從主脈延伸到支脈，脈絡可尋。它所要學的是「方法」而非僅「技巧」。方法幫助我們作大域的思考，提供思路的線索；技巧只是解決個別問題，缺乏思想的啟發。

　　「以簡御繁」這個數學的基本精神，支撐著我們看清問題的目標，提示了我們的走向的指標。它具有「以不變應萬變」的哲學內涵。它是每一位學習者必須要能悟出而後才能有所發揮的主要關鍵。

　　數學的領域廣泛無際，無人能處處涉及，雖不能說是「一粒沙中看世界」，但即便是一個微不足道的小問題，其處理的方法仍含有數學所共有的玄機，說是玄機，其實指的乃是一般常用的方法，諸如直觀、分析、類推等。

　　「由小觀大」或「見微知著」這在數學的思考上也是必要而常用的，這裡的「觀」或「知」指的便是「聯想」。缺乏聯想，學習永遠止於被動的吸收而非主動的探究。

　　教育不是要把每個學生塑造成相同思考的模型，而是要培養他們的思考具有個人的創意與個性。數學教育在這種培養的工作上扮演著決定性的角色。

　　課堂是學生吸收知識的地方，也是教師傳佈其理想的場所。教與學的好壞在這地方有了展示的比較。那些如沐春風的幸運者，那些愁眉苦臉的痛苦者，都在這個地方接受命運的安排。作為一個教者，課堂的神聖，如同牧者之於教堂。良心、理想均可在此作衷心的發揮。

　　教學是一種藝術，儘管得須遵行某些基本的原則，但重要的仍當表現出教者的智慧與個性，而不是一味地重複硬化了的模式，使教學淪為可大量生產的商品。

　　書本是死的，教師與學生才是活的。教師須將個人的智慧溶入他的教材中，適當地引發學生學習的動機，教學才可能生動，學習才可

能達到效果。

　　教師所要帶給學生的不止是知識上的堆砌與形式上的邏輯推演，更重要的是培養他們能夠掌握基本的思考方法，以及看透數學形式中所蘊涵的實質內容。如果教師僅是直陳所欲講授的內容，而少利用旁敲側擊的點滴方式，讓學生從觀察實驗、自動參與中逐步歸納、掌握方向，邁向目標，那麼學生的學習將止於被動的吸收而非主動的探究，學生因此難得嘗到「發現」的滋味固不用說，便是消化都覺不良。

　　另外，數學的抽象形式有其必要，但無法了然於形式的始末，也就是說看不清這個抽象的來源，學習便陷於徒有形式而乏直覺。沒有直覺的基礎或是直覺的疲弱，便大大地減低了思考的能力。思考能力的培養，往往在數學方法的展示中領會而得。

大海的訊息

小貝殼
來到海灘上
它就不只是一個小貝殼
它成為海灘的一部份
它又原是大海的一份子
如今
它們完全地
融合成一體
不再有個體之分

第 2 章

數學歸納法的邏輯基礎

　　數學有一個特色——抽象——抽取諸事象間的共同特徵。由於這個特色，數學的結論才顯出它應用的廣泛。因此學習從個別的結果中歸納出一般性的結論無疑是必要的。但所謂歸納出一般性的結論並不是單從幾個特例的成立就下結論說一般的情形下也成立，而是必須予以證明的。這種一般性的結論常以定理或公式的形式出現。為得到一般性的結論，數學發展出許多它獨特證明的方法，其中之一就是數學歸納法。

　　為便於說明，先作一個試驗：

　　在平面上畫一條直線，顯然的，它將平面分割成區域的數目 $a_1 = 2$（圖1）。其次，在平面上畫二條直線，顯然的，它們將平面分割成區域的最大數目 $a_2 = 4$（圖2）。

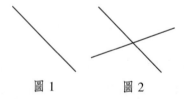

圖1　　　　圖2

　　另外，在平面上畫三條直線，可以看出，它們將平面分割成區域的最大數目 $a_3 = 7$（圖3）。又如果在平面上畫四條直線，可以算出，它們將平面分割成區域的最大數目 $a_4 = 11$（圖4）。

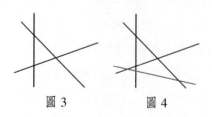

圖3　　　　圖4

　　試驗做到此，你可能想及當直線是五條，六條，七條，……的結

果，這時你依據上述四種情形的結果而作這樣的整理：

$$直線一條時，a_1 = 2 = 1 + 1$$
$$直線二條時，a_2 = 4 = a_1 + 2 = 1 + 1 + 2$$
$$直線三條時，a_3 = 7 = a_2 + 3 = 1 + 1 + 2 + 3$$
$$直線四條時，a_4 = 11 = a_3 + 4 = 1 + 1 + 2 + 3 + 4$$

並進一步猜測：

$$直線五條時，a_5 = 16 = a_4 + 5 = 1 + 1 + 2 + 3 + 4 + 5$$
$$\vdots$$
$$n \text{ 條時，} a_n = a_{n-1} + n = 1 + 1 + 2 + 3 + \cdots + n = 1 + \frac{n(n+1)}{2}$$

為了驗證你的猜測，你可能再做直線為五條，六條，七條時的試驗，試驗的結果與你的猜測相合。因此你對自己的猜測感到自信，甚至肯定它是無疑的。問題是：你如何能肯定說一般當直線為 n 條時，a_n 一定是 $1 + \dfrac{n(n+1)}{2}$？憑什麼？你可能回說：$n = 1, 2, 3, 4, 5, 6$ 時不是都對了嗎？甚至 $n = 8$ 時試驗的結果跟直接以 $n = 8$ 代入 $1 + \dfrac{n(n+1)}{2}$ 所得之值也相合，這不就對了嗎？我反問：那麼 $n = 100$ 時，你如何知道也是對的？你可能會說：這還不簡單!? 在平面上畫一百條直線試驗就是了。我想你還是先慢說大話，因為要在平面上畫一百條直線，然後數出它們分割平面成區域的最大數目幾乎是辦不到的，對不!? 因此每次光是靠試驗來驗證你的猜測，這種做法，說真的，實在不是「數學的方法」。但是我敢說，不必用試驗就可證明：不論 n 取多大的值，a_n 一定等於 $1 + \dfrac{n(n+1)}{2}$。它便是數學歸納法!

　　本章旨在闡明數學歸納法的邏輯基礎，因此就以上述例子，先寫出數學歸納法證明的一般程序，再予以分析說明。

　　要證明平面上畫出 n 條直線，它們將平面分割成區域的最大數目是 $a_n = 1 + \dfrac{n(n+1)}{2}$。

證明 ▶

當 $n = 1$ 時，一條直線將平面分割成 2 個區域，因此 $a_1 = 2$

另外，$1 + \dfrac{2 \cdot 1}{2} = 2$，故 $n = 1$ 時成立

設 $n = k$ 時成立

即設 k 條直線將平面分割成區域的最大數目是 $a_k = 1 + \dfrac{k(k+1)}{2}$

今平面上 $k+1$ 條直線欲分割平面成最多區域時，可取其中 k 條直線使其分割成最多區域數 $1 + \dfrac{k(k+1)}{2}$，然後讓第 $k+1$ 條直線跟前述的 k 條直線均相交，此時，便將剛才分割的 $1 + \dfrac{k(k+1)}{2}$ 個區域多分割出 $k+1$ 個區域來，因此總共分割成

$$1 + \frac{k(k+1)}{2} + (k+1) = 1 + \frac{(k+1)(k+2)}{2}$$

個區域，即

$$a_{k+1} = 1 + \frac{(k+1)(k+2)}{2}$$

因此，$n = k+1$ 時也成立　　　　　□

上述便是數學歸納法證明的一般程序，這樣的程序含有兩個步驟：

　(1)　驗證 $n = 1$ 時是否成立。

　(2)　假設 $n = k$ 時成立，看看 $n = k + 1$ 時是否也成立。

而利用數學歸納法證明一般成立乃是指上列兩個步驟的結論均為肯定，即

　　對一般 n 成立時

　　$\Leftrightarrow \begin{cases} (1) n = 1 \text{ 時務必成立。} \\ (2) \text{假設 } n = k \text{ 時成立，必定要能推出 } n = k + 1 \text{ 時也成立。} \end{cases}$

　對於初學的人而言，常見下列三點疑問：

　(i)　為什麼一定要驗證 $n = 1$ 時成立？缺了這步驟有何理論上的缺失？

　(ii)　假設 $n = k$ 時成立而推出 $n = k + 1$ 時成立，這命題本身的意義為何？

　(iii)　為何肯定上述兩個步驟的結論便是證明了對任何自然數 n 而言，一般均成立？

針對上述三點疑問，說明如下：

　我們知道一個有效命題：若 p 則 q，其為真的意思是：

　　　假如 p 是成立的，那麼必定 q 也是成立。

但在另外一方面，一個命題：若 p 則 q，要是 p 是不成立的，那麼 q 成立也好，不成立也好，我們都說這個命題是真的，當然，你可能覺得這樣子的命題很無聊。不錯！

　　因為當我們說命題：若 p 則 q 是真的，且已知 p 是不成立的，這時根本無法推知 q 到底是成立抑或不成立，雖說這個命題是真的，但我們竟然無法從這個真命題中得出任何肯定的結論，因此這個命題雖真，卻是無效的。

　　有了上面的說法，現在回頭來看數學歸納法證明的(2)：假設 $n=k$ 時成立，看看 $n=k+1$ 時是否也成立。如果這個命題被證明為真，那便是說：如果 $n=1$ 時成立的話，$n=2$ 時就成立；如果 $n=2$ 時成立的話，$n=3$ 時就成立；⋯⋯。換個角度說，譬如想知道 $n=100$ 時是否成立，只要先看看 $n=99$ 時是否成立；如果 $n=99$ 時是成立的，那麼 $n=100$ 時就成立無疑，但 $n=99$ 時是否成立呢？那只要先看看 $n=98$ 時是否成立；如果 $n=98$ 時是成立，那麼 $n=99$ 時就成立無疑，但 $n=98$ 時是否成立呢？那也只要先看看 $n=97$ 時是否成立，⋯⋯這樣一直推下去的話，最後一定會觸及到這個問題：$n=1$ 時是否成立？如果不能確定 $n=1$ 時是成立的，便就無法肯定「若 $n=1$ 時成立，則 $n=2$ 時也成立」這個真命題的有效性，這便等於說無法確定 $n=2$ 時是成立的；接著把這個道理同樣地用在真命題「若 $n=2$ 時成立，則 $n=3$ 時也成立」上，也就無法確定 $n=3$ 時是成立的，這樣繼續地說下去便得到一個結論：不論 n 取值多少，我們均無法確定此時是否成立。由此可以看出：驗證「$n=1$ 時是成立」的這件事情對於(2)中的命題的有效推演作了相當保證的基礎，也就是說光是有(2)中的真命題，而無 $n=1$ 時的成立作基礎，那麼這個真命題是空的，於事無濟的，因為它無法有效地推演出任何結論。

　　另外，如果有了「$n=1$ 時成立」這件事作基礎，並且命題：「若 $n=k$ 時成立，則 $n=k+1$ 時也成立，其中 k 為任意自然數」也被證明為真，那麼無疑的，要證明 $n=100$，或 $n=1000$，或 n 是任何一個

自然數時都是成立便是輕易的事情：只要我們多次的利用這個命題：若 $n=k$ 時成立，則 $n=k+1$ 時也成立的有效推演便行。這便解答了上面所提的第⑩個疑問。

　　數學歸納法的原意便是如此，沒有什麼複雜或艱難的道理在裡面，如果把它平凡的道理改寫成下面這句話，你是否瞭解與同意呢？

　　　任何一自然數 n，均可由 1 開始，經有限次「+1」運算而得，

　　　換句話說，由 1 開始，逐次「+1」即可得到任一自然數。

大海的訊息

$$放下 = 放下$$
$$放下 + 放下 = 放下$$
$$放下 + 放下 + 放下 = 放下$$
$$......$$
$$放下 \Leftrightarrow 無限$$
$$無限 \Leftrightarrow 自由$$

第 3 章

二元二次不定方程的整數解

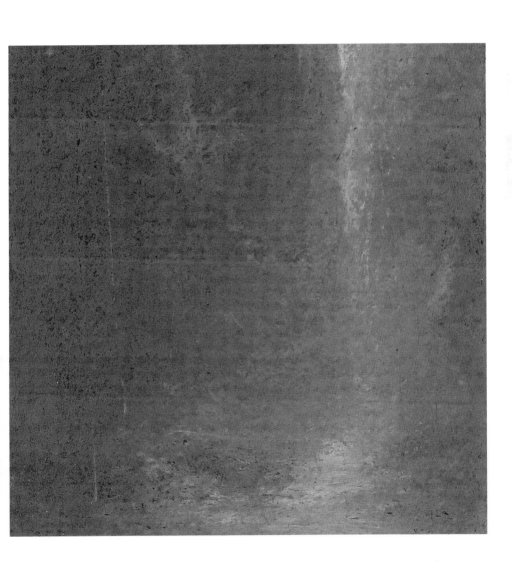

　　關於二元二次不定方程式（形如 $Ax^2 + Bxy + Cy^2 + Dx + Ey + F = 0$，其中 A, B, C, D, E, F 均為整數）的整數解，由於從一些特例中我們發現並沒有一般性的解法，因此試著將問題分作三類，分別介紹各類的可行解法。先從特例出發，再找出一般的方法，最後再以解析的角度來解釋解法的共通性。

I. 二次項可分解者

例題 1 ◉

求 $x^2 - 4y^2 = 5$ 之整數解。

解答 ▸

$$x^2 - 4y^2 = 5 \Leftrightarrow (x + 2y)(x - 2y) = 5 = 1 \cdot 5 = 5 \cdot 1 = (-1) \cdot (-5) = (-5) \cdot (-1)$$
$$\Rightarrow (x + 2y, \, x - 2y) = (1, 5) \text{ 或 } (5, 1) \text{ 或 } (-1, -5) \text{ 或 } (-5, -1)$$

得整數解 (x, y) 為 $(3, -1), (3, 1), (-3, 1), (-3, -1)$ □

例題 2 ◉

求 $x^2 - 3xy - 4y^2 = -9$ 之整數解。

解答 ▸

$$x^2 - 3xy - 4y^2 = -9 \Leftrightarrow (x + y)(x - 4y) = -9 = 1 \cdot (-9) = 9 \cdot (-1)$$
$$= (-1) \cdot 9 = (-9) \cdot 1$$
$$= 3 \cdot (-3) = (-3) \cdot 3$$
$$\Rightarrow (x + y, \, x - 4y) = (1, -9) \text{ 或 } (9, -1) \text{ 或} \cdots \cdots \text{或 } (-3, 3)$$

得整數解 (x, y) 為 $(-1, 2), (7, 2), (1, -2), (-7, -2)$ □

例題 3 ●

求 $x^2 + 5xy + 6y^2 - 3x - 7y = 0$ 之整數解。

解答 ▶

$x^2 + 5xy + 6y^2 - 3x - 7y = 0 \Leftrightarrow (x + 2y)(x + 3y) - 3x - 7y = 0$ 　　　(1)

$\Leftrightarrow (x + 2y + \triangle)(x + 3y + \square) = \triangledown$ 　　　(2)

比較 (1), (2) 之係數得 $\triangle = -1$, $\square = -2$, $\triangledown = 2$

$\Rightarrow (x + 2y - 1, x + 3y - 2) = (1, 2)$ 或 $(2, 1)$ 或 $(-1, -2)$ 或 $(-2, -1)$

得整數解 (x, y) 為 $(-2, 2), (3, 0), (0, 0), (-5, 2)$ 　　　$\square$

例題 4 ●

求 $2xy + x - 3y + 4 = 0$ 之整數解。

解答 ▶

$2xy + x - 3y + 4 = 0 \Leftrightarrow xy + \dfrac{1}{2}x - \dfrac{3}{2}y = -2$

$\Leftrightarrow (x - \dfrac{3}{2})(y + \dfrac{1}{2}) = -\dfrac{11}{4}$

$\Leftrightarrow (2x - 3)(2y + 1) = -11$

$\therefore (2x - 3, 2y + 1) = (1, -11)$ 或 $(11, -1)$ 或 $(-1, 11)$ 或 $(-11, 1)$

得整數解 (x, y) 為 $(2, -6), (7, -1), (1, 5), (-4, 0)$ 　　　$\square$

例題 5 ⚪

求 $x^2 + 2xy - 3y^2 + 4x - 7y + 5 = 0$ 之整數解。

解答 ▶

$$x^2 + 2xy - 3y^2 + 4x - 7y + 5 = 0 \Leftrightarrow (x+3y)(x-y) + 4x - 7y + 5 = 0 \quad (3)$$

$$\Leftrightarrow (x+3y+\triangle)(x-y+\square) = \triangledown \quad (4)$$

比較(3), (4)得 $\triangle = \dfrac{19}{4}$, $\square = -\dfrac{3}{4}$, $\triangledown = -\dfrac{137}{16}$

$\therefore$原式 $\Leftrightarrow (x+3y+\dfrac{19}{4})(x-y-\dfrac{3}{4}) = -\dfrac{137}{16}$

$\qquad \Leftrightarrow (4x+12y+19)(4x-4y-3) = -137$

$\therefore (4x+12y+19,\ 4x-4y-3)$

$\quad = (1,\ -137)$ 或 $(137,\ -1)$ 或 $(-1,\ 137)$ 或 $(-137,\ 1)$

得整數解 $(x,\ y)$ 為 $(25,\ -10)$, $(-9,\ -10)$　　　　□

例題 6 ⚪

求 $x^2 + 2xy + y^2 + 3x + 6y - 1 = 0$ 之整數解。

（此題，其三個二次項雖可以分解，但其解法則列入第 II 類來討論
（參看例題 12）；並注意它的前三項之係數 1, 2, 1 滿足 $2^2 - 4 \cdot 1 \cdot 1 = 0$
（$B^2 - 4AC = 0$）。）

II. 二次項不可分解者

例題 7 ◉

求 $2x^2 + 3y^2 = 30$ 之整數解。

解答 ▶

$2x^2 + 3y^2 = 30 \Leftrightarrow 3y^2 = 30 - 2x^2$

$\because 30 - 2x^2 \geq 0 \Rightarrow x^2 \leq 15$

$\therefore -\sqrt{15} \leq x \leq \sqrt{15}$，取 $x = 0, \pm 1, \pm 2, \pm 3$ 代入原式驗求（注意：y 為整數）

得整數解 (x, y) 為 $(3, 2), (3, -2), (-3, 2), (-3, -2)$　　□

例題 8 ◉

求 $x^2 + 3y^2 - 4x + 6y - 10 = 0$ 之整數解。

解答 ▶

$x^2 + 3y^2 - 4x + 6y - 10 = 0 \Leftrightarrow (x-2)^2 + 3(y+1)^2 = 17$

$\qquad\qquad\qquad\qquad\qquad\quad \Leftrightarrow (x-2)^2 = 17 - 3(y+1)^2$

$\because 17 - 3(y+1)^2 \geq 0 \Rightarrow (y+1)^2 \leq \dfrac{17}{3}$

$\therefore -\sqrt{\dfrac{17}{3}} \leq y + 1 \leq \sqrt{\dfrac{17}{3}}$，取 $y = -3, -2, -1, 0, 1$ 代入原式驗求

得原式無整數解　　□

例題 9 ◉

求 $x^2 + 3xy + 3y^2 + 2x + 2y - 1 = 0$ 之整數解。

解答 ▶

$x^2 + 3xy + 3y^2 + 2x + 2y - 1 = 0 \Leftrightarrow 3y^2 + (3x + 2)y + (x^2 + 2x - 1) = 0$

$\because y \in \mathbb{R}$，$\therefore (3x + 2)^2 - 12(x^2 + 2x - 1) \geq 0 \Leftrightarrow -3x^2 - 12x + 16 \geq 0$

$$\Leftrightarrow \frac{-6 - \sqrt{84}}{3} \leq x \leq \frac{-6 + \sqrt{84}}{3}$$

取 $x = -5, -4, -3, -2, -1, 0, 1$ 代入原式驗求

得整數解 (x, y) 為 $(-5, 2), (-4, 1), (-3, 2), (-1, 1), (0, -1), (1, -1)$ ☐

例題 10 ◉

求 $x^2 + 2xy + 2y^2 + 3x + 2y + 5 = 0$ 之整數解。

解答 ▶

$x^2 + 2xy + 2y^2 + 3x + 2y + 5 = 0 \Leftrightarrow x^2 + (2y + 3)x + (2y^2 + 2y + 5) = 0$

$\because x \in \mathbb{R}$，$\therefore (2y + 3)^2 - 4(2y^2 + 2y + 5) \geq 0 \Leftrightarrow 4y^2 - 4y + 11 \leq 0$

但 $4y^2 - 4y + 11 = (2y - 1)^2 + 10 > 0$，故原式無解 ☐

例題 11

求 $x^2 + 2xy - 3x + y - 7 = 0$ 之整數解。

（本題可以分解法求之，底下試以另一觀點來處理）

解答

$x^2 + 2xy - 3x + y - 7 = 0 \Leftrightarrow x^2 + (2y-3)x + (y-7) = 0$ 　　　　　(*)

$\because x \in \mathbb{R}$，$\therefore (2y-3)^2 - 4(y-7) \geq 0 \Leftrightarrow 4y^2 - 16y + 37 \geq 0$

但 $4y^2 - 16y + 37 = 4(y-2)^2 + 21 \geq 0$ 對於任何實數 y 恆成立，因此光從

$4y^2 - 16y + 37 \geq 0$ 我們無法獲知所求整數 y 之任何資料，但 (*) 式中之 x 為

整數的一個必要條件是 $4y^2 - 16y + 37$ 是一個完全平方整數 (何故?（註1))

由此，令 $4y^2 - 16y + 37 = \triangle^2 \Leftrightarrow 4(y-2)^2 + 21 = \triangle^2$

$$\Leftrightarrow (\triangle + 2y - 4)(\triangle - 2y + 4) = 21$$

$\therefore (\triangle + 2y - 4, \triangle - 2y + 4) = (1, 21)$ 或 $(3, 7)$ 或……或 $(-7, -3)$

得 $y = -3, 1, 3, 7$ 代入原式驗求，得整數解 (x, y) 為 $(10, -3)$, $(-1, -3)$,

$(3, 1)$, $(-2, 1)$, $(-4, 3)$, $(1, 3)$, $(0, 7)$, $(-11, 7)$ 　　　　　□

例題 12

求 $x^2 + 2xy + y^2 + 3x + 6y - 1 = 0$ 之整數解。

解答

$x^2 + 2xy + y^2 + 3x + 6y - 1 = 0 \Leftrightarrow y^2 + (2x+6)y + (x^2 + 3x - 1) = 0$

$\because y \in \mathbb{R}$，$\therefore (2x+6)^2 - 4(x^2 + 3x - 1) \geq 0 \Leftrightarrow 12x + 40 \geq 0$

但滿足 $12x + 40 \geq 0$ 之整數 x 有無窮多，因此再利用 $12x + 40$ 是一個完全

平方數（何故?），令 $12x + 40 = \triangle^2$，由此式子即可找出許多整數解來，譬

如取 $\triangle = \pm 2, \pm 4, \pm 8, \pm 10, \cdots$，即可求出對應之 $x = -3, -2, 2, 5, \cdots$　□

在此，順便一問：

讀者是否已從上列 12 個特例中找出類似問題的一般解法? 請思索之後再繼續下文。

III. 形如 $x^2 - ay^2 = 1$ 者（a 是一個非完全平方的正整數）

它有一組顯然的解是 $x = 1$, $y = 0$；又由對稱性知當 (x, y) 為其解時，$(x, -y)$, $(-x, y)$, $(-x, -y)$ 亦為其解，因此為方便討論，將所求之整數解只限於正整數者。又此類問題為便於讀者瞭解起見，先試著以底下的例題 13 來說明，雖然例題 13 只是一個特例，但它的解法已具有一般性，讀者可試著從不同的 a 值問題中驗證此點（參看 IV 之說明）。

例題 13 ◉

求 $x^2 - 3y^2 = 1$ 之整數解。

解答 ▶

先找出一組最簡的整數解 $x_1 = 2$, $y_1 = 1$，再利用這組解 $(2, 1)$，可以找到其他所有整數解，方法如下：

$$(x_1 + \sqrt{3} y_1)^n = (2 + \sqrt{3})^n$$

由 $(2 + \sqrt{3})^n$ 之二項展開式知 $(2 + \sqrt{3})^n$ 可寫為 $\triangle + \square \cdot \sqrt{3}$，其中 $\triangle$, $\square$ 均為正整數，令 $\triangle = x_n$, $\square = y_n$，則有

$$(2 + \sqrt{3})^n = x_n + \sqrt{3} \cdot y_n \qquad (*)$$

(*) 是一個關鍵，它是找出整數解 (x_n, y_n) 的一部機器，譬如：令 $n = 2$，則 $(2 + \sqrt{3})^2 = x_2 + \sqrt{3} \cdot y_2$，但 $(2 + \sqrt{3})^2 = 7 + 4 \cdot \sqrt{3}$，故得 $x_2 = 7, y_2 = 4$ 為一組整數解。又譬如令 $n = 3$，則 $(2 + \sqrt{3})^3 = x_3 + \sqrt{3} y_3$，但 $(2 + \sqrt{3})^3 = 26 + 15\sqrt{3}$，故得 $x_3 = 26, y_3 = 15$ 為一組整數解 □

　　如此，令 $n = 4, 5, 6, \cdots$，便可找到許多整數解來，但接著一個問題發生了：「利用這種方法可以找出 $x^2 - 3y^2 = 1$ 的所有正整數解嗎？」換句話說，有沒有漏網之魚？我們的答案是「可以」，也就是說沒有整數解不是從 (*) 這部機器算出來的。這件事的證明由於較繁，把它列在註 2（讀者可以跳過這個證明不看，有興趣的不妨追根究底一番。）

例題 14 ◎

$x^2 - 3y^2 = 7$ 是否有整數解？

　　類似這樣的問題，諸如 $x^2 - 3y^2 = 2$, $x^2 - 3y^2 = 8$, $2x^2 - 3y^2 = 1$, $\cdots$ 一般均可用底下介紹的方法來討論它的整數解存在與否？試以 $x^2 - 3y^2 = 7$ 為例說明如下。

解答 ▶

(i)顯然，滿足 $x^2 - 3y^2 = 7$ 之整數 (x, y) 不可能均為偶數或均為奇數（何故？）

(ii)令 $x = 2\triangle$, $y = 2\square + 1$（即 x 為偶數，y 為奇數）

　　若 x, y 滿足 $x^2 - 3y^2 = 7$，則有

$$x^2 - 3y^2 = 7 \Leftrightarrow 4\triangle^2 - 3(4\square^2 + 4\square + 1) = 7$$
$$\Leftrightarrow 4(\triangle^2 - 3\square^2 - 3\square) = 10$$
$$\Leftrightarrow 2(\triangle^2 - 3\square^2 - 3\square) = 5$$

最後一式中左邊是一個偶數，右邊是一個奇數，矛盾！故 x 為偶數，y 為奇數之整數解不存在

(iii)令 $x = 2\triangle + 1$, $y = 2\square$，則有

$$x^2 - 3y^2 = 7 \Leftrightarrow (4\triangle^2 + 4\triangle + 1) - 3 \cdot 4\square^2 = 7$$

$$\Leftrightarrow 4(\triangle^2 + \triangle - 3\square^2) = 6$$

$$\Leftrightarrow 2(\triangle^2 + \triangle - 3\square^2) = 3$$

最後一式亦矛盾

綜合(i), (ii), (iii)知 $x^2 - 3y^2 = 7$ 無整數解   □

例題 15 ●

求 $x^2 - 3y^2 = 4$ 之整數解。

解答 ▶

(i)仿照前例 $x^2 - 3y^2 = 7$ 之討論，知 x, y 均為奇數或 x 奇，y 偶或 x 偶，y
  奇時原式均無解（請讀者親自動筆驗證一番。）

(ii)當 x, y 均為偶數時，令 $x = 2\triangle$, $y = 2\square$，則有

$$x^2 - 3y^2 = 4 \Leftrightarrow 4\triangle^2 - 3 \cdot 4\square^2 = 4 \Leftrightarrow \triangle^2 - 3\square^2 = 1$$

最後一式即為例題 13 之問題，因此例題 13 問題中的整數解的 2 倍即為
$x^2 - 3y^2 = 4$ 之整數解（何故? 注意 $x = 2\triangle$, $y = 2\square$）   □

IV. 提出一個問題

　　在例題 13 中，我們提供了一個尋找方程式 $x^2 - 3y^2 = 1$ 之正整數解的
方法。

　　類似的，求 $x^2 - 5y^2 = 1$ 的正整數解：先找到最簡的一組正整數解
$x_1 = 9$, $y_1 = 4$，利用

$$(9 + 4 \cdot \sqrt{5})^n = x_n + \sqrt{5} y_n$$

可以找到一般解 (x_n, y_n)。（譬如：$x_2 = 161$, $y_2 = 72$; $x_3 = \cdots$）

　　類似的，求 $x^2 - 6y^2 = 1$ 的正整數解：先找到最簡的一組正整數解 $x_1 = 5$, $y_1 = 2$，利用

$$(5 + 2 \cdot \sqrt{6})^n = x_n + \sqrt{6} y_n$$

可以找到一般解 (x_n, y_n)。（譬如：$x_2 = 49$, $y_2 = 20$; $\cdots$）

　　讀者不妨找出 $x^2 - 7y^2 = 1$ 的正整數解看看。

　　我們發現了一件事實：即對於 $x^2 - ay^2 = 1$，只要我們能找到一組最簡的正整數解 (x_1, y_1)，再利用 $(x_1 + \sqrt{a} \cdot y_1)^n = x_n + \sqrt{a} \cdot y_n$ 便可找出 $x^2 - ay^2 = 1$ 之所有解（註 2）。現在一個問題發生了。

　　　是否對於任何非完全的正整數 a, $x^2 - ay^2 = 1$ 恆可找到一組最
　　　簡的正整數解呢?

　　這個問題就留給讀者去思索。

V. 關於第 II 類，二次項不可分解者，其解法的解析說明

　　求二元二次不定方程式 $Ax^2 + Bxy + Cy^2 + Dx + Ey + F = 0$ 之整數解，其中 A, B, C, D, E, F 均為整數：

　　原式 $\Leftrightarrow Cy^2 + (Bx + E)y + (Ax^2 + Dx + F) = 0$

因為 $y \in \mathbb{R}$，所以

　　$(Bx + E)^2 - 4C(Ax^2 + Dx + F) \geq 0$

　　　$\Leftrightarrow (B^2 - 4AC)x^2 + 2(BE - 2CD)x + (E^2 - 4CF) \geq 0$

令 $F(x) = (B^2 - 4AC)x^2 + 2(BE - 2CD)x + (E^2 - 4CF)$

○ 討　論

1. 當 $B^2 - 4AC > 0$ 時，此時 $y = F(x)$ 所表的幾何意義是坐標平面上一個開口向上的拋物線，它與 x 軸相交的可能情形如下列圖形所示：

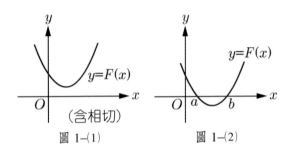

圖 1–(1)　　　　圖 1–(2)

　　因此不等式 $y = F(x) \geq 0$ 的解集合 S 可能是

(1) $\mathbb{R}$（參看圖 1–(1)，此時整個拋物線在 x 軸上方，因此 $\forall x \in \mathbb{R}$，恆有 $F(x) \geq 0$）

(2) $(-\infty, a] \cup [b, \infty)$（參看圖 1–(2)，欲使拋物線之 y 值（即 $F(x)$ 值）≥ 0，必須取 $x \leq a$ 或 $x \geq b$）

此時，無論是(1)或(2)之情形，我們均無法由 $\mathbb{R}$ 或 $(-\infty, a] \cup [b, \infty)$ 找出所求整數 x（因為範圍太廣了），故須再配合 $F(x)$ 本身是一個完全平方數（註 1）以限定 x 的範圍，請參看例題 11 的解法。

2. 當 $B^2 - 4AC < 0$ 時，此時 $y = F(x)$ 的幾何意義是坐標平面上一個開口向下的拋物線，它與 x 軸相交的可能情形如下列圖形所示：

因此不等式 $y = F(x) \geq 0$ 之解集合 S 可能是：

(1) $\varnothing$（參看圖 2–(1)，此時拋物線在 x 軸下方，因此 $\forall x \in \mathbb{R}$，$F(x) < 0$，故 $F(x) \geq 0$ 無解）

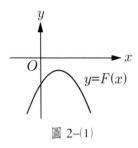

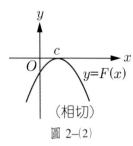

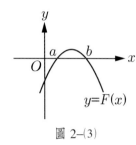

圖 2–⑴　　　　　　　圖 2–⑵　　　　　　　圖 2–⑶

⑵ $\{c\}$（參看圖 2–⑵，此時使 $F(x) \geq 0$ 之可能的 x 只有 c，但若 c 不是整數時，$F(x) \geq 0$ 仍然沒有整數解）

⑶ $[a, b]$（參看圖 2–⑶）

此時，若是⑴之情形，則原式 $Ax^2 + Bxy + Cy^2 + Dx + Ey + F = 0$ 無整數解；若是⑵之情形則可能有唯一解也可能無解（視 c 而定）；至於⑶之情形，則可在較小之範圍 $[a, b]$ 中找到可能的整數解，上述情形請分別參看例題 10，例題 8，例題 9。

3. 當 $B^2 - 4AC = 0$ 時，$y = F(x)$ 的幾何意義是坐標平面上的一條直線，其圖形與 x 軸相交的可能情形如圖 3 所示。

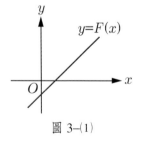

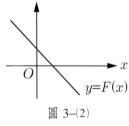

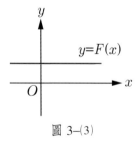

圖 3–⑴　　　　　　　圖 3–⑵　　　　　　　圖 3–⑶

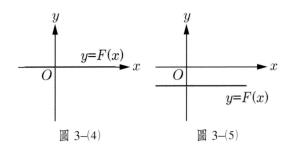

圖 3–⑷　　　　　　圖 3–⑸

因此不等式 $y = F(x) \geq 0$ 的解集合 S 可能是：

⑴ $[a, \infty)$（參看圖 3–⑴）

⑵ $(-\infty, b]$（參看圖 3–⑵）

⑶及⑷ $\mathbb{R}$（參看圖 3–⑶及圖 3–⑷）

⑸ $\varnothing$（參看圖 3–⑸）

除第⑸情形原式無整數解外，其餘情形均須再配合 $F(x)$ 本身是一個完全平方數才能找出可能的整數解，請參看例題 12 的解法。

附　註

註 1

一個整係數二次方程式 $ax^2 + bx + c = 0$ 之兩根 $\dfrac{-b \pm \sqrt{b^2 - 4ac}}{2a}$ 為整數的必要條件是 $\sqrt{b^2 - 4ac}$ 仍是一個整數，即 $b^2 - 4ac$ 是一個完全平方整數。

註 2

要證明 $x^2 - 3y^2 = 1$ 的所有正整數解都可以從

$$(2 + \sqrt{3})^n = x_n + \sqrt{3}\, y_n \qquad\qquad (*)$$

這部機器算出來，即是證明下列這件事：

設正整數 x_n, y_n，若滿足 $(2+\sqrt{3})^n = x_n + \sqrt{3} \cdot y_n$

則必滿足 $x_n^2 - 3y_n^2 = 1$

反過來，若是滿足 $x_n^2 - 3y_n^2 = 1$，則亦必滿足 $(2+\sqrt{3})^n = x_n + \sqrt{3}y_n$，

其中 $n = 1, 2, 3, \cdots$ 用數學的式子來說即是：

$$(2+\sqrt{3})^n = x_n + \sqrt{3}y_n \Leftrightarrow x_n^2 - 3y_n^2 = 1$$

證明 ▷

（⇒ 部分）設正整數 x_n, y_n 滿足 $(2+\sqrt{3})^n = x_n + \sqrt{3}y_n$，由 $(2+\sqrt{3})^n$ 之二

項展開知 $(2-\sqrt{3})^n = x_n - \sqrt{3}y_n$（讀者務必動筆一番！），因此

$(2+\sqrt{3})^n \cdot (2-\sqrt{3})^n = (x_n + \sqrt{3}y_n) \cdot (x_n - \sqrt{3}y_n)$

$\Rightarrow [(2+\sqrt{3})(2-\sqrt{3})]^n = x_n^2 - 3y_n^2$

即 $x_n^2 - 3y_n^2 = 1$

（⇐ 部分）設正整數 x_n, y_n 滿足 $x_n^2 - 3y_n^2 = 1$，則

$(x_n + \sqrt{3}y_n)(2-\sqrt{3}) = (2x_n - 3y_n) + \sqrt{3}(2y_n - x_n) = x_{n-1} + \sqrt{3}y_{n-1}$

$（令 \ 2x_n - 3y_n = x_{n-1}, \ 2y_n - x_n = y_{n-1}）$

這樣的 (x_{n-1}, y_{n-1}) 亦能滿足 $x_{n-1}^2 - 3y_{n-1}^2 = 1$

$\left(\begin{array}{l} 理由是：x_{n-1}^2 - 3y_{n-1}^2 = (2x_n - 3y_n)^2 - 3(2y_n - x_n)^2 \\ \qquad\qquad\qquad = x_n^2 - 3y_n^2 = 1 \end{array} \right)$

也就是說當 (x_n, y_n) 是 $x^2 - 3y^2 = 1$ 的一組正整數解時，由上述

方法得到的 (x_{n-1}, y_{n-1}) 仍是 $x^2 - 3y^2 = 1$ 的一組正整數解

把上述的方法重複做一次：

$(x_{n-1} + \sqrt{3}y_{n-1})(2-\sqrt{3}) = (2x_{n-1} - 3y_{n-1}) + \sqrt{3}(2y_{n-1} - x_{n-1})$

$= x_{n-2} + \sqrt{3}y_{n-2}$

$（令 \ 2x_{n-1} - 3y_{n-1} = x_{n-2}, \ 2y_{n-1} - x_{n-1} = y_{n-2}）$

這樣找出來的 (x_{n-2}, y_{n-2}) 當然亦是滿足 $x_{n-2}^2 - 3y_{n-2}^2 = 1$（理由同上），把上述的方法一再重複做下去，我們可以得到

$$(x_{n-3}, y_{n-3}), (x_{n-4}, y_{n-4}), \cdots, (x_1, y_1)$$

而且它們都滿足 $x^2 - 3y^2 = 1$

接著利用 (x_1, y_1) 再重複上述做法一次：

$$\begin{aligned}
(x_1 + \sqrt{3}y_1)(2 - \sqrt{3}) &= (2x_1 - 3y_1) + \sqrt{3}(2y_1 - x_1) \\
&= x_0 + \sqrt{3}y_0 \\
&\quad (\text{令 } 2x_1 - 3y_1 = x_0,\ 2y_1 - x_1 = y_0)
\end{aligned}$$

而這樣找出的 (x_0, y_0) 其實即是 $(1, 0)$（即為顯然解 $(1, 0)$，何故?），因此而有：

$$\begin{aligned}
1 = x_0 + \sqrt{3}y_0 &= (x_1 + \sqrt{3}y_1)(2 - \sqrt{3}) \\
&= [(x_2 + \sqrt{3}y_2)(2 - \sqrt{3})](2 - \sqrt{3}) \\
&= \{[(x_3 + \sqrt{3}y_3)(2 - \sqrt{3})] \cdot (2 - \sqrt{3})\} \cdot (2 - \sqrt{3}) \\
&\ \ \vdots \\
&= (x_n + \sqrt{3}y_n) \cdot (2 - \sqrt{3})^n
\end{aligned}$$

但是 $1 = (2 + \sqrt{3})^n \cdot (2 - \sqrt{3})^n$（算算看是不是?），因此

$$(2 + \sqrt{3})^n \cdot (2 - \sqrt{3})^n = (x_n + \sqrt{3}y_n) \cdot (2 - \sqrt{3})^n$$

故得 $(2 + \sqrt{3})^n = x_n + \sqrt{3} \cdot y_n$ ☐

大海的訊息

沒有失敗
是執著於失敗的信念
使我嚐到失敗

沒有痛苦
是執著於痛苦的信念
使我感到痛苦

第 4 章

對數換底公式 $\log_a x = \log_a b \cdot \log_b x$
的另種觀點

對數換底公式 $\log_b x = \dfrac{\log_a x}{\log_a b}$，在有關對數的計算中是一個常被使用的重要公式。

　　　　　為什麼會有這個公式？

　　　　　這個公式所表達的涵義是什麼？

大底，代數化（形式化）的步步推理使我們對於結論的真確性無可置疑，但是對於結論的瞭解，通常也僅是繞住在它的形式層面上；如果能夠透過稍為具體的圖形來作分析，對於結論的內涵往往能產生更實際的瞭解。因此，底下便試著藉兩個指數函數圖形的某種關係來衍生出兩個對數函數之間的關係。

　　考慮兩個指數函數及其圖形

$$r_1 : y = a^x$$
$$r_2 : y = b^x$$

（為行文方便，不妨取 $a > b > 1$）（註）

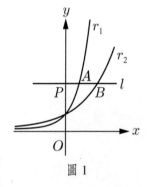

圖 1

圖 1 是它們在坐標平面上的圖形。

任作一水平直線 $l : y = k\ (k > 0,\ k \neq 1)$, l 交 y 軸、r_1 與 r_2 分別於點 P、A 與 B。令 A 與 B 之橫坐標分別為 x_1, x_2, 則

$$\overline{PA} = x_1,\ \overline{PB} = x_2$$

又　　　　　　　　　　$a^{x_1} = b^{x_2}\ (= k)$

∴　　　　　　　　　$x_1 = x_2 \log_a b$（或 $x_1 \log a = x_2 \log b$）

因此　　　　　　　$\dfrac{\overline{PB}}{\overline{PA}} = \dfrac{x_2}{x_1} = \dfrac{1}{\log_a b}$（或 $\dfrac{\log a}{\log b}$）

我們知道，對數函數 $y = \log_a x$ 與 $y = \log_b x$ 分別是指數函數 $y = a^x$ 與 $y = b^x$ 的反函數；並且也知道一函數與其反函數，兩者的圖形是互相對稱於直線 $y = x$，因此，在圖 2 中我們看到了 $y = \log_a x$ 與 $y = \log_b x$ 的圖形 r_1' 與 r_2' 以及直線 l'，它們分別是 r_1, r_2 以及 l 關於直線 $y = x$ 的對稱圖形，其中 P'、A'、B' 分別是 P、A、B 對直線 $y = x$ 的對稱點。

因此　　　　　　　　　$\overline{P'B'} = \overline{PB},\ \overline{P'A'} = \overline{PA}$

$\therefore$　　　　　　　　$\dfrac{\overline{P'B'}}{\overline{P'A'}} = \dfrac{1}{\log_a b}$

由於 $x = k$ 是任意大於零而不等於 1 的實數，所以從圖 2 中，我們明白 $\log_b x$ 與 $\log_a x$ 有如下的關係：

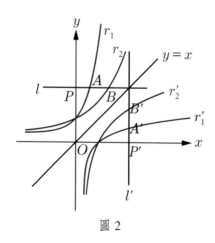

圖 2

$\dfrac{\log_b x}{\log_a x} = \dfrac{\overline{P'B'}}{\overline{P'A'}}$，其中 x 為任意大於零而異於 1 的數

故　　　　　　$\log_b x = \dfrac{\log_a x}{\log_a b}$ （或 $\log_b x = (\dfrac{\log a}{\log b})\log_a x$）

以上通過圖形的分析，不僅可以顯示出換底公式由來的背景，也說明了它的意義實際上在表達出兩個任意的對數函數之間的一個常數倍關係。這不妨說成，對數函數對於不同底數的民主性。

附　註

註

雖然為圖方便，行文是取 $a > b > 1$ 的情形來討論，但我們仍然可以明白看出，當 $b < 1 < a$ 或是 $b < a < 1$ 時，結論仍是相同的。

問題: 兩個指數函數 a^x 與 b^x，底數不同，思考他們之間的關係。

大海的訊息

喋喋不休的人
距離真理何其遙遠
然而
真理卻又如此親近的
眷顧著他

第 5 章

閱讀測驗——預習三角函數

一、下圖是一個單位圓（即半徑為 1 的圓），圓心是原點 O。

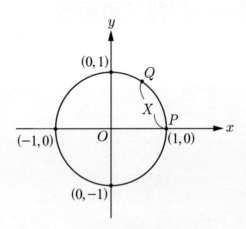

二、當一個質點 P 從 $(1, 0)$ 出發，以逆時針方向沿著單位圓移動而到
達 Q，若所走的弧長是 X，即 $\overset{\frown}{PQ} = X$，顯然，這時 Q 點的位置
（即 Q 點的坐標）與弧長 X 有某種關係存在；譬如當 P 從 $(1, 0)$
出發，移動了弧長 $\dfrac{\pi}{2}$，到達了點 $(0, 1)$（一個圓周是 2π）；又如
當 P 移動了弧長 $\dfrac{3\pi}{2}$，則到達了點 $(0, -1)$；又若 P 從 $(1, 0)$ 出發
繞了一圈再加半圓共是 3π，則到達了點 $(-1, 0)$，由此可以看出
P 點所移動的弧長 X 與所到達之點的位置存在有某種關係，這樣
的關係是否是弧長與到達位置之間的一種函數關係呢？請仔細考
慮一番。

三、若質點 P 從 $(1, 0)$ 出發，以順時針方向沿單位圓移動，為與上述
第二點所述有所區別起見，將所走的弧長以負值表示。譬如當 P
到達 $(0, -1)$ 時，所經之弧長記為 $-\dfrac{\pi}{2}$，其他類推；這樣所述之弧
長與到達點之位置間是否也是一種函數關係呢？

四、現在，讓質點 P 從 $(1, 0)$ 出發，允許 P 點作逆時針及順時針方向的移動（連續而非跳躍的滑動），並且允許 P 點繞單位圓作週期性的移動（即 P 點可以重複地繞許多圈；這時請注意，P 點繞的弧長是 $\dfrac{\pi}{2}$，跟繞 $\dfrac{5\pi}{2}$ 是到達同一位置）。

五、根據上列的陳述，弧長（亦可取負值）所在之變動範圍是整個實數 $\mathbb{R}$。

六、因此定義函數如下：當 P 點移動弧長為 X 時，P 所到達之點 Q 的橫坐標（x 坐標）記為 $f(X)$，即 $x = f(X)$, $X \in \mathbb{R}$。而 Q 的縱坐標（y 坐標）記為 $g(X)$，即 $y = g(X)$, $X \in \mathbb{R}$。

七、請你對上述二個函數作幾何直觀的認識。

假如你已明白上面所有的陳述，請回答下列的問題。

1. （多選）選出真確者：

　(A) $f(X)$ 是單調遞增

　(B) $g(X)$ 是單調遞減

　(C) $f(X)$ 在 $0 \leq X \leq \pi$ 時是遞減

　(D) $f(X)$ 在 $0 \leq X \leq \pi$ 時是遞增

　(E) $f(X)$ 與 $g(X)$ 均不是 X 的一次函數

2. （多選）選出真確者：

　(A) $f(X)$ 與 $g(X)$ 均為連續函數

　(B) $f(X)$ 連續，但 $g(X)$ 不連續

　(C) $f(X)$ 不連續，但 $g(X)$ 連續

　(D) $f(X)$ 在 $|X| \leq \dfrac{\pi}{2}$ 連續

　(E) $g(X)$ 在 $X = n\pi$, $n \in \mathbb{N}$ 不連續

3. （多選）選出真確者：

　(A) $f(X)$ 是一個嵌射（一對一）

　(B) $g(X)$ 是一個嵌射

　(C) $f(X)$ 在 $0 \leq X \leq \pi$ 是一個嵌射

　(D) $f(X)$ 與 $g(X)$ 均非嵌射

　(E) $g(X)$ 在 $|X| \leq \dfrac{\pi}{2}$ 是一個嵌射

4. （單選）今定義：對任意一個函數 $F : \mathbb{R} \to \mathbb{R}$

　若滿足 $F(x) = F(-x)$，$\forall x \in \mathbb{R}$，則稱 F 是一個偶函數；若滿足

　$F(x) = -F(-x)$，$\forall x \in \mathbb{R}$，則稱 F 是一個奇函數。

　根據上述定義，下列敘述何者為真？

　(A) $f(X)$ 是一個偶函數

　(B) $f(X)$ 是一個奇函數

　(C) $g(X)$ 是一個偶函數

　(D) $f(X)$ 與 $g(X)$ 都是偶函數

　(E) $f(X)$ 與 $g(X)$ 均非偶函數，亦非奇函數

5. （多選）對於某一函數 $f : \mathbb{R} \to \mathbb{R}$

　若有一實常數 t 存在，使得對於任一 $x \in \mathbb{R}$，都滿足 $f(x + t) = f(x)$，

　則稱 f 為週期函數，而 t 為 f 的週期。

　(i) 一週期函數的週期通常是指最小正週期。

　(ii) 地球的季節變化可說是一種時間的週期函數，週期為 1 年。

　根據上述定義，下列敘述，何者為真？

　(A) $f(X)$ 不是一個週期函數

　(B) $f(X)$ 與 $g(X)$ 都是週期函數

　(C) $g(X)$ 是一個週期函數，其最小的正週期是 $\dfrac{\pi}{2}$

(D) $g(X)$ 是一個週期函數，其最小的正週期是 π

(E) $g(X)$ 是一個週期函數，其最小的正週期是 2π

6.（多選）選出真確者:

(A)存在一正數 X_0 使 $f(X_0) = g(X_0)$

(B)存在一正數 X_1 使 $f(X_1) = 2g(X_1)$

(C)對於任意兩個正整數 m 與 n，存在一個正數 X_2 使

　　$nf(X_2) = mg(X_2)$

(D)使 $f(X) = g(X)$ 之最小正數 X 是 $\dfrac{\pi}{4}$

(E)設 $|X| \leq 2\pi$，則使 $f(X) = g(X)$ 之 X 值共有 2 個

7.（多選）選出真確者:

(A) $f(\dfrac{-\pi}{3}) = \dfrac{1}{2}$

(B) $f(\dfrac{-\pi}{3})$ 是一個無理數

(C) $g(\dfrac{-\pi}{3})$ 是一個無理數

(D) $\left| g(\dfrac{-\pi}{3}) \right| < \dfrac{1}{2}$

(E) $f(0) + g(0) = 1$

8.（多選）選出真確者:

(A) $f(\dfrac{\pi}{8})^2 + g(\dfrac{\pi}{8})^2 = 1$

(B) $f(\dfrac{\pi}{12})^2 + g(\dfrac{\pi}{12})^2 = \dfrac{3}{2}$

(C) $\forall X \in \mathbb{R}$ 恆有 $f(X) + g(X) = 1$

(D) $\forall X \in \mathbb{R}$ 恆有 $f(X) \cdot g(X) = 1$

(E) $\forall X \in \mathbb{R}$ 恆有 $f(X)^2 + g(X)^2 = 1$

9.（多選）選出真確者：

(A) $f(X)$ 在 $0 \leq X \leq \dfrac{2\pi}{3}$ 時有最大值 1

(B) $f(X)$ 在 $0 \leq X \leq \dfrac{2\pi}{3}$ 時有最小值 -1

(C) $g(X)$ 在 $0 \leq X \leq \dfrac{2\pi}{3}$ 時有最小值 0

(D)對任意閉區間 $[a,\ b]$ 而言，$f(X)$ 與 $g(X)$ 均為有界（即有最大值，也有最小值）

(E)對任意給定的實數 s，至少存在一個實數 r 使 $f(r) = s$

10.（單選）選出真確者：

(A) $f(X)$ 之像集為 $[-1,\ 1]$

(B) $f(X)$ 之像集為 $\mathbb{R}$

(C) $g(X)$ 之像集為 $\mathbb{R} - \{0\}$

(D) $f(X)$ 在 $|X| \leq \dfrac{\pi}{2}$ 時，像集為 $[-1,\ 1]$

(E) $g(X)$ 在 $\dfrac{\pi}{2} \leq X \leq 2\pi$ 時，像集為 $[0,\ 1]$

（答案請看附錄一。）

大海的訊息

個性
⇔　命運
⇔　角色
⇔　選擇

第 6 章

解法裡的問題

　　底下的每個例題，都附有一個解法。請問：它的解法是否正確？若不是正確，錯在哪裡？正確的解法又是什麼？

例題 1 ●

當一元二次方程式 $x^2 + ax + b = 0$ 的兩實根，其一介於 -2 與 -1 之間，另一介於 1 與 2 之間，求 (a, b) 的範圍。

解答 ▶

設 $x^2 + ax + b = 0$ 的兩實根為 α 與 β

因此有
$$\begin{cases} -2 < \alpha < -1 \\ 1 < \beta < 2 \end{cases}$$

隨之
$$\begin{cases} -1 < \alpha + \beta < 1 \\ -4 < \alpha\beta < -1 \end{cases}$$

由根與係數關係：$\alpha + \beta = -a$ 及 $\alpha\beta = b$

得
$$\begin{cases} -1 < a < 1 \\ -4 < b < -1 \end{cases}$$

□

例題 2 ●

設 $abc \neq 0$，$\dfrac{b+c}{a} = \dfrac{c+a}{b} = \dfrac{a+b}{c} = k$，當 $a + b + c = 0$ 時，k 的值是多少？

解答 ▶

由
$$\begin{cases} b + c = ak \\ c + a = bk \\ a + b = ck \end{cases}$$

以上三式相加得

$$2(a+b+c) = (a+b+c)k$$

所以 $$0 = 0 \cdot k$$

故 k 為任意實數　□

例題 3 ●

設 $\sqrt[4]{x} + \dfrac{1}{\sqrt[4]{x}} = \sqrt{2}$，求 x 的值。

解答 ▶

由 $$\sqrt[4]{x} + \frac{1}{\sqrt[4]{x}} = \sqrt{2}$$

兩邊平方得 $$\sqrt{x} + \frac{1}{\sqrt{x}} = 0$$

$$\therefore (\sqrt{x})^2 = -1$$

故 $$x = -1$$　□

例題 4 ●

由實數所成的集合 S 滿足下列二條件：

(1) $1 \notin S$, $2 \in S$　(2) 若 $a \in S$，則 $\dfrac{1}{1-a} \in S$

求 S。

解答 ▶

$$\because 2 \in S$$

$$\therefore \frac{1}{1-2} \in S, \ \text{即} -1 \in S$$

$$\because -1 \in S$$

$$\therefore \frac{1}{1-(-1)} \in S, \quad 即 \frac{1}{2} \in S$$

$$\because \frac{1}{2} \in S$$

$$\therefore \frac{1}{1-\frac{1}{2}} \in S, \quad 即 2 \in S$$

此後 S 中的元素 $-1, \frac{1}{2}, 2$ 重複出現，故

$$S = \{2, -1, \frac{1}{2}\}$$ □

例題 5

若 x, y 為實數且滿足 $2^x = 5^y = 10^3$，求 $\frac{1}{x} + \frac{1}{y}$ 的值。

解答

$$2^x = 5^y = 10^3$$

$$\Rightarrow 2^x \cdot 5^y = 10^6 = 2^6 \cdot 5^6$$

$$\Rightarrow \frac{2^x}{2^6} = \frac{5^6}{5^y}$$

$$\Rightarrow 2^{x-6} = 5^{6-y}$$

$$\Rightarrow x - 6 = 6 - y = 0$$

$$\Rightarrow x = y = 6$$

$$\Rightarrow \frac{1}{x} + \frac{1}{y} = \frac{1}{3}$$ □

例題 6 ○

解聯立式 $\begin{cases} x^2 - y^2 = 1 \\ xy = \dfrac{\sqrt{3}}{2} \end{cases}$ 。

解答 ▶

由 $\qquad\qquad\qquad \begin{cases} x^2 - y^2 = 1 \\ xy = \dfrac{\sqrt{3}}{2} \end{cases}$

得 $\qquad\qquad\qquad (x^2 - y^2)^2 + 4x^2y^2 = 1 + 3 = 4$

$\qquad\qquad\qquad\qquad (x^2 + y^2)^2 = 4$

即 $\qquad\qquad\qquad x^2 + y^2 = 2$

解 $\qquad\qquad\qquad \begin{cases} x^2 - y^2 = 1 \\ x^2 + y^2 = 2 \end{cases}$

得 $\qquad\qquad\qquad x = \pm\dfrac{\sqrt{6}}{2},\ y = \pm\dfrac{\sqrt{2}}{2}$

故得四組解 (x, y)：

$$(\dfrac{\sqrt{6}}{2}, \dfrac{\sqrt{2}}{2}),\ (\dfrac{\sqrt{6}}{2}, -\dfrac{\sqrt{2}}{2}),\ (-\dfrac{\sqrt{6}}{2}, \dfrac{\sqrt{2}}{2}),\ (-\dfrac{\sqrt{6}}{2}, -\dfrac{\sqrt{2}}{2}) \qquad\qquad □$$

例題 7

設 $\sin\theta, \cos\theta$ 為方程式 $x^2 - ax + a = 0$ 之二根，求 a 的值。

解答

由根與係數關係得

$$\begin{cases} \sin\theta + \cos\theta = a \\ \sin\theta\cos\theta = a \end{cases}$$

$$\therefore (\sin\theta + \cos\theta)^2 - 2\sin\theta\cos\theta = a^2 - 2a$$

即

$$\sin^2\theta + \cos^2\theta = a^2 - 2a$$

$$\Rightarrow 1 = a^2 - 2a$$

得

$$a = 1 \pm \sqrt{2}$$

例題 8

設 $a > 1$，若 $a^{2x} + (1 - a^2) \cdot a^x - a^2 \geq 0$，求 x 的範圍。

解答

取 $u = a^x$，則原式成為

$$u^2 + (1 - a^2)u - a^2 \geq 0$$

由定理：設 $A > 0$，若對所有實數 x，恆有 $Ax^2 + Bx + C \geq 0$，則

其充要條件為 $B^2 - 4AC \leq 0$

所以有

$$(1 - a^2)^2 + 4a^2 \leq 0$$

即

$$(1 + a^2)^2 \leq 0$$

故

無解

（答案請看附錄二。）

大海的訊息

每個人天生皆具有寬闊而無限的靈感
但看把關注的焦點置於何處
因為
每個人都是出自於這同一的靈感
而焦點只是一種選擇
極大部分的問題皆源於
不相信或忘卻此一真實
以致限縮了自己

限縮即角色
角色即限縮

第 7 章

函數途上的幾何探險

幾何探險? 怎麼回事?

讓我先問你們一個問題: 你們認為在圖 1 中的(a)圖算是一個四邊形嗎?

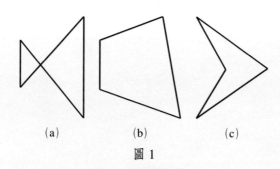

(a)　　　　(b)　　　　(c)

圖 1

對圖 1 而言, 我的學生裡, 有少部分認為只有(b)圖才是四邊形, 大部分的人認為(c)圖也可以看作是四邊形, 只有極少數的人同意(a)圖也是四邊形。更進一步的問: 根據什麼你同意? 或你不同意? 就沒有學生能夠提出讓人滿意的理由了。

到底「四邊形家族」的成員是什麼模樣?

為解答這個問題, 我想起了 Lagrange 說過的那段話: ——在代數與幾何各自沿著它們的途徑發展時, 它們的進展不僅緩慢, 並且應用也極為有限; 但是當它們相互交流的時候, 彼此從對方吸取新鮮的養分, 因而能夠以快速的步伐邁向更為完美的境界。

因此, 我們何不在代數的天地裡, 依循著函數這條路徑去一探幾何國度裡「四邊形家族」的究竟呢?

讓我們按下列階段作逐步的探險。

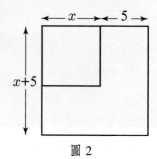

圖 2

I

對一個邊長 x 公分的已知正方形，伸長其相鄰的兩邊各 5 公分而得到一個更大的正方形（圖 2）。這兩個正方形的面積的差表為 x 的函數是

$$f(x) = (x+5)^2 - x^2 = 10x + 25$$

它的一個合理的定義域應該是

$$\{x \in \mathbb{R} \mid x > 0\}$$

II

如果我們把已知的正方形的邊長取定為一個常數（比如 4 公分），而改變的長度是一個變量 x 公分（圖 3），那麼兩個正方形的面積的差表為 x 的函數是

$$f(x) = (4+x)^2 - 4^2 = x^2 + 8x$$

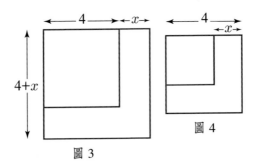

圖 3

圖 4

這個函數的定義域又是什麼呢？顯然它應該包含 0 以及所有的正數，至於 x 是負數可不可以呢？換句話說，我們把原有的已知正方形的邊長往裡擠推縮減（圖 4）直到所得的正方形的面積為零止。因此給函

數 $f(x) = x^2 + 8x$ 取一個合理的定義域應該是

$$\{x \in \mathbb{R} \mid x > -4\}$$

⬤ III

現在我們分別按照下面三種情況對已知的正方形作改變：

(1)僅對其中一條對角線作伸張或縮減。

(2)對兩條對角線作相同的伸張或縮減。

(3)對兩條對角線分別作不同的伸張或縮減。

對於情況(1)（圖5），相應的函數是

$$f(x) = \frac{a(a+x)}{2} - \frac{a^2}{2} = \frac{ax}{2}$$

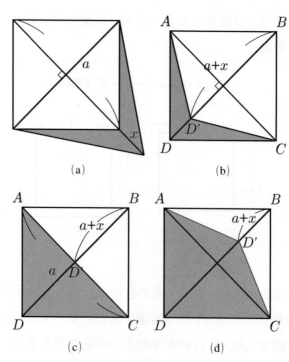

(a)

(b)

(c)

(d)

圖 5

　　它的定義域是什麼呢? 當然，$x \geq 0$ 是不成問題的 (圖 5(a))；就是 $-\dfrac{a}{2} < x < 0$ (圖 5(b)) 這種情形也是可以的，但是 $x = -\dfrac{a}{2}$ (圖 5(c)) 時，正方形縮減為一個三角形，如果你肯把三角形看作是一個極端化了的四邊形又有何不可? 現在讓我們繼續推進，作更為深入的探險，來看看在 $-a < x < -\dfrac{a}{2}$ 的情形下，圖形改變的結果，此時，原來已知的正方形 $ABCD$ 已被擠推縮減到像是圖 5(d)中那模樣如同三角翼飛機的「四邊形」$ABCD'$ 了。

　　你已經看到，如果我們依循著函數 $f(x) = \dfrac{ax}{2}$，其中 $x > -a$ 這條路徑逐步而深入的觀察「四邊形的家族」，那麼像圖 1 中的(c)圖作為這個家族的一員就是再自然不過的事實了。

　　現在讓我們從情況(2)再作一次幾何探險。此時相應的函數是

$$f(x) = \frac{(a+x)^2}{2} - \frac{a^2}{2} = \frac{2ax + x^2}{2}$$

仍然把注意力放在找 $f(x)$ 的定義域這件事上。

　　毫無疑問，$x \geq 0$ (下頁圖 6(a)) 或是 $-\dfrac{a}{2} < x < 0$ (下頁圖 6(b)) 都在定義域內。當 $x = -\dfrac{a}{2}$ 時，原來已知的正方形 $ABCD$ 被擠推縮減成為 $\triangle BCD'$ (圖下頁 6(c)之左上圖)，而我們也願意接受它 (指 $\triangle BCD'$) 作為「四邊形家族」的一員。現在，讓我們繼續無畏地沿著函數 $f(x) = \dfrac{2ax + x^2}{2}$, $x < -\dfrac{a}{2}$ 往前探究，看看沿途究竟會冒出什麼樣的「四邊形家族」成員來? 圖 6 中的(c)圖顯示了 x 從 $-\dfrac{a}{2}$ 逼近到 $x = -a$ 的探險進程，而我們也終於在「四邊形家族」中看到了像是圖 1(a)圖中的那種傢伙。

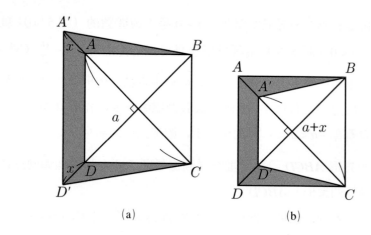

(a)   (b)

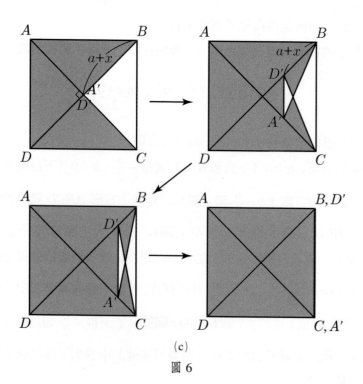

(c)

圖 6

因此，我們不得不承認，沿著函數 $f(x) = \dfrac{2ax + x^2}{2}$ 的路徑，取定的定義域愈廣，也就是說我們探險的範圍愈深入，那麼相對的，我們就看到愈多不同款的四邊形。現在，還有哪一個偉大的探險家願意憑著他過人的膽識與高超的智慧越過 $x = -a$ 這道邊界而深入 $x < -a$ 這樣的黑色內陸去一窺數學宇宙的神秘呢？雖然迄至目前為止，我還沒有帶領你們完成情況(3)的探險，但是，親愛的朋友，我極願提醒你們：自個兒探險的那股刺激，以及嘗到發現的那種興味，可會教你終生難忘咧。

本文改寫自下文：

"Geometrical Adventures in Functionland" by Rina Hershkowitz and Abraham Arcavi, May 1987, MATH TEACHER.

大海的訊息

我瞥見了一絲的春
　　　　隨後
整個的春也跟著臨現了

　　當我甦醒過來
　　　所有的人
　　也都跟著醒了

第 8 章

複數可以比較大小

序　幕

　　實數有大小（次序）是大家都知道的，至於複數（形如 $a+bi$，其中 a, b 都是實數，而 $i^2 = -1$）是不是有大小就未必都明白了。也許有些人耳聞過複數無法比較大小，現在我卻反要說複數可以比大小，豈非怪事？

　　當然，解決問題疑惑的首要步驟，永遠是先釐清問題中所涉及的概念。

　　什麼是大小？

　　對於兩個實數 a, b, $a > b$ 究竟指的是怎麼回事？翻閱一般的教材，我們總能見到如是的說法：如果存在一個正數 c 使得 $b + c = a$，就說 $a > b$。這樣子說並沒有錯，但是我們仍須明白，這是指在一維空間（一個變數）裡的情形，在二維空間裡是否也能夠有類似的說法呢？

　　把一群人排成一列或是一行，隨便哪兩人總是可以分出左右或是上下來，線上的實數也是如此，只須事先約定往右往左或是往上往下是大是小，那麼任意兩個實數就可以比出大小了。要是考慮排成實心方陣的一群人（圖1），除了同一列可以分左右，同一行的分上下之外，像◉與▲就不好分出誰該上下誰該左右了；也許按照我們的直覺會說▲是在◉的右上方，理當隨俗的說 $▲ \geq ◉$，果真如此，▣在◉的左上方又當如何比出▣與◉的大小呢？

　　談到這兒，讓我撥點空間談些題外話。

　　大家知道，升學掛帥下，學校對學生之優劣的排名都是以智育成績作唯一的考慮。我們老是聽說五育要並重，真要如此，那麼優劣的排榜應該是德、智、體、群、美育的成績都要加以考慮計算才對，事實當

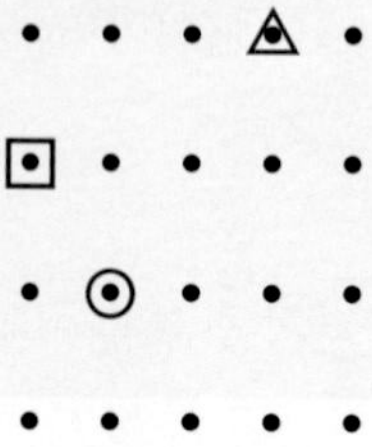

圖1

然不是如此。教育是一輩子的事，五育中無論是哪一育都須靠往後自己作無止的反省與提昇，但是德、智兩育是更有賴於學校幫他奠下良好的根基，因此我個人以為排榜至少也該把德育的成績加進去考慮，是不是呢? 現在就讓我們假想回到一個比較理想的學校裡，它在排學生的優劣榜時是真的以智育、德育兩項成績作依據的。

假定智育、德育的成績分別以 a、b 表示，那麼每位學生的成績就可以用數對 (a, b) 表示。利用平面上的坐標系統，我們把班上 15 位學生的成績分別用 15 個點嵌入這個系統，嵌入的原則是 a 愈大的點愈靠右，b 愈大的點愈趨上，這樣子我們得到像圖 2 所示的一個分佈狀況。

怎樣從這個分佈排出這 15 位學生的優劣榜呢? 看來我們似乎遇到了如圖 1 一樣的困境。其實，有一個辦法是許多人想得到的，先以智育成績 a 的高低排序而不論 b 值的大小，如果碰到兩個學生的 a 值相同，再按 b 的大小來定序，按照這種方式，就會有

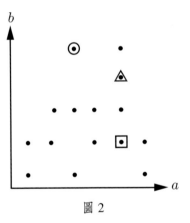

圖 2

$$\triangle \geq \boxdot \geq \odot$$

但是某些人士也許傾向以德育成績的高低作第一考慮再次及智育成績，這樣子的話就會有

$$\odot \geq \triangle \geq \boxdot$$

不論採用上面兩種方式中的哪一種，我相信都會有人抗議的，是不是? 於是有人隨後想到何不用加權值 $ma + nb$ 的大小來排榜呢? 這

不失為一個好方法，該提醒注意的是採用此種計算方式有可能出現德、智育成績都不一樣的兩個學生卻具有相同的加權值。

以上是題外話，至少已經明白指出，想像具多變數的量排出一個次序是有可能且不止一種方式。這便揭開了我所要談的題目「複數可以比較大小」的一道序幕。

複數的一種排列

每一個複數 $a+bi$ 對應唯一的有序數對 (a, b)；每一個有序數對 (a, b) 又對應平面上一已知坐標系統內的唯一點 (a, b)，隨之，複數 $a+bi$ 便可唯一地用點 (a, b) 來取代。圖 3 僅是描繪了其中的部分，實際上，所有這些點分佈得不僅是密密麻麻，根本就是毫無空隙，沒有止境。想要定出複數的大小便相當於要排出這些點的次序。怎麼做？

再提一遍，解決問題疑惑的首要步驟永遠是釐清問題中所涉及的概念。

什麼是大小？或者問：什麼是次序？

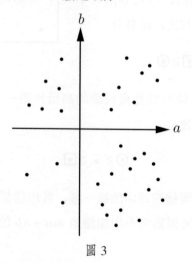

圖 3

定　義

我們説「≥」是集合 E 上的一個次序，如果它滿足下列的四個性質：

(1)對每個 $x \in E$，恆有 x「≥」x。

(2)若 x「≥」y, y「≥」x，則 $x = y$。

(3)若 x「≥」y, y「≥」z，則 x「≥」z。

(4)對於 E 中的任意二元 x, y，恆有 x「≥」y 或是 y「≥」x。

配有次序的非空集稱為一**有序集**。

底下便舉出一個平面上的點的排序法。

對不同的複數 $a + bi$，不論它的 b 值的大小，先按其實數部分的 a 值的大小排序，a 值大的是大，a 值小的是小；如果兩個複數的實數部分相等，再按虛數部分的 b 值的大小排序，b 值大的是大，b 值小的是小，比如 $3 + 2i$「≥」$-1 + 7i$, i「≥」0 等。也就是說：

$$a + bi \text{「≥」} c + di \xLeftrightarrow{\text{Def}} (a > c) \text{ 或} \begin{cases} a = c \\ b \geq d \end{cases}$$

這樣子是不是真的給出了複數的一種次序呢? 只須檢驗看看是否滿足上面所列的四個性質。

首先，可以清楚看出性質(1)及性質(4)的滿足是不成問題的，其次看性質(2)，如果 $a + bi$「≥」$c + di$ 且 $c + di$「≥」$a + bi$，那麼就有：

$$\begin{cases} (a > c) \text{ 或} \begin{cases} a = c \\ b \geq d \end{cases} \\ (c > a) \text{ 或} \begin{cases} c = a \\ d \geq b \end{cases} \end{cases}$$

$$\Rightarrow \quad \begin{cases} a>c \\ c>a \end{cases} \text{或} \begin{cases} a>c \\ c=a \\ d\geq b \end{cases} \text{或} \begin{cases} a=c \\ b\geq d \\ c>a \end{cases} \text{或} \begin{cases} a=c \\ b\geq d \\ c=a \\ d\geq b \end{cases}$$

$$\Rightarrow \quad \begin{cases} a=c \\ b=d \end{cases}$$

$$\Rightarrow \quad a+bi=c+di$$

$\therefore \quad$ 性質(2)也是滿足的

再看性質(3)，如果 $a+bi$「$\geq$」$c+di$ 且 $c+di$「$\geq$」$e+fi$，那麼就有

$$\begin{cases} (a>c) \text{ 或} \begin{cases} a=c \\ b\geq d \end{cases} \\ (c>e) \text{ 或} \begin{cases} c=e \\ d\geq f \end{cases} \end{cases}$$

$$\Rightarrow \quad \begin{cases} a>c \\ c>e \end{cases} \text{或} \begin{cases} a>c \\ c=e \\ d\geq f \end{cases} \text{或} \begin{cases} a=c \\ b\geq d \\ c>e \end{cases} \text{或} \begin{cases} a=c \\ b\geq d \\ c=e \\ d\geq f \end{cases}$$

$$\Rightarrow \quad (a>e) \text{ 或} \begin{cases} a>e \\ d\geq f \end{cases} \text{或} \begin{cases} a>e \\ b\geq d \end{cases} \text{或} \begin{cases} a=e \\ b\geq f \end{cases}$$

$$\Rightarrow \quad (a>e) \text{ 或} \begin{cases} a=e \\ b\geq f \end{cases}$$

$$\Rightarrow \quad a+bi \text{「} \geq \text{」} e+fi$$

$\therefore \quad$ 性質(3)也是滿足的

　　以上的排序方式說明我們真的可以比較複數的大小，它的一個特點是不同的複數不會有相同的排序，很合乎一般通俗的要求 (linear thinking)。現在，我們如果能夠超越一般的水平思考，對於兩個複數的相等作不同以往的界說，我們將會發現對於複數的大小排序會有更廣闊的方式出現。

複數的相等及其他排序

I

平面坐標上，以原點 $O(0, 0)$ 為中心，任意數 r $(r \geq 0)$ 為半徑的圓 $x^2 + y^2 = r^2$ 密密麻麻，毫無空隙且無止境地佈滿整個平面，每一個點都恰好落在其中的一個圓上，也因此每一個複數都恰好落在其中的一個圓上（圖4）。實際上，複數 $a + bi$ 就是落在圓 $x^2 + y^2 = a^2 + b^2$ 上。

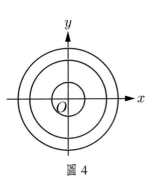

圖 4

延續上面的說法，我們把落在同一個圓上的兩個複數 $a + bi$ 與 $c + di$（其中 $a^2 + b^2 = c^2 + d^2$）說是相等，而記為 $a + bi = c + di$。

有了上面有關複數相等的定義作基礎，便容易地看出底下的方式事實上也提供了複數的另一種排序：

$$a + bi \ulcorner \geq \urcorner c + di \xLeftrightarrow{\text{Def}} a^2 + b^2 \geq c^2 + d^2$$

換句話說，落在愈大的圓上的複數也就愈大。

現在，讓我再插進幾句題外話吧。

採用剛剛所提的排序方式，讓那些智育 30 分而德育 40 分的學生與智育 40 分而德育 30 分的排名相同，這不是也蠻合理的嗎？我常常想，決定一個人的好壞的變因有千百種（也許不止），拿來比較時又豈能僅僅考慮其中一個變因（比如薪水的多寡）而已，未免不公平吧？「天生我材必有用」難道只是一句安慰話？如果變因有 $a_1, a_2, \cdots, a_n$ 等，要比較眾人囉,公平的話就是要對 n 維空間內的諸點 $(a_1, a_2, \cdots, a_n)$

作一種排序，$(a_1,\ a_2,\ \cdots,\ a_n)$「$\geq$」$(b_1,\ b_2,\ \cdots,\ b_n)\overset{\text{Def}}{\Longleftrightarrow}$
$a_1^2+a_2^2+\cdots+a_n^2\geq b_1^2+b_2^2+\cdots+b_n^2$ 不也算是提供了一個模式?! 當然，
因為時空的不同，某些因素也許較被看重。那麼底下就介紹一種加權
的模式。

◯ II

取 m, n 為任意的兩個已知正數。
在平面坐標上，考慮具有相同中心的菱
形 $m|x|+n|y|=r,\ r\geq 0$，隨著 r 值的愈
大，菱形也就愈大（圖 5 中，我們取
$m=1,\ n=2$），所有這些菱形密密麻麻，
毫無空隙且無止境地佈滿整個平面，每
一個點都恰好落在其中一個菱形上，也
因此每一個複數都恰好落在其中一個

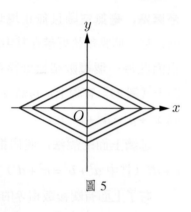

圖 5

菱形上。實際上，複數 $a+bi$ 就是落在菱形 $m|x|+n|y|=m|a|+n|b|$
上。我們把落在同一個菱形上的兩個複數 $a+bi$ 與 $c+di$（其中
$m|a|+n|b|=m|c|+n|d|$）說是相等，記為 $a+bi=c+di$。

依據上面有關複數相等的定義，下面方式也很容易可被證明是複
數的一種排序：

$$a+bi\text{「}\geq\text{」}c+di\overset{\text{Def}}{\Longleftrightarrow}m|a|+n|b|\geq m|c|+n|d|$$

有關次序的性質(1), (3)及(4)顯然是滿足的，至於性質(2)，如果 $a+bi$
「$\geq$」$c+di$ 且 $c+di$「$\geq$」$a+bi$，則有

$$\begin{cases} m|a| + n|b| \geq m|c| + n|d| \\ m|c| + n|d| \geq m|a| + n|b| \end{cases}$$

$$\Rightarrow m|a| + n|b| = m|c| + n|d|$$

$$\Rightarrow a + bi \text{ 與 } c + di \text{ 落在同一個菱形上}$$

$$\Rightarrow a + bi = c + di$$

就是說，落在愈大的菱形的複數也就愈大。

◯ III

談到這裡，也許馬上會有人想到另外的排序方式。不錯，關鍵是你必須先對複數的相等給出一個適當的定義。底下我們再列出二個：

(1)

$$\begin{cases} a + bi = c + di \xLeftrightarrow{\text{Def}} ma^2 + nb^2 = mc^2 + nd^2 \\ a + bi \text{「} \geq \text{」} c + di \xLeftrightarrow{\text{Def}} ma^2 + nb^2 \geq mc^2 + nd^2 \end{cases}$$

（其中 m, n 為已知正數）

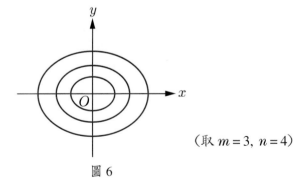

（取 $m = 3,\ n = 4$）

圖 6

⑵

$$\begin{cases} a+bi = c+di \xLongLeftrightarrow{\text{Def}} m\sqrt{|a|} + n\sqrt{|b|} = m\sqrt{|c|} + n\sqrt{|d|} \\ a+bi \,「\geq」\, c+di \xLongLeftrightarrow{\text{Def}} m\sqrt{|a|} + n\sqrt{|b|} \geq m\sqrt{|c|} + n\sqrt{|d|} \end{cases}$$

（其中 m, n 為已知正數）

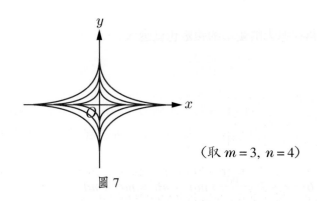

（取 $m=3, n=4$）

圖 7

有序集與有序體

談到這裡，或許有人已經知道，到目前為止，上面所提有關複數的各種排序之說都未與複數的加乘兩種運算聯上關係，不錯，此點正是本節所要釐清的一個必要觀念——有序集與有序體的區別。

複數雖然是一個有序集，卻不是一個有序體（註）。理由是：

假定複數是一個有序體，其配置的次序是「$\geq$」，根據有序體的性質⑿（見註）知，不是 $i \geq 0$ 便是 $0 \geq i$；如果是前者，則由性質⒂知有 $i \times i \geq 0$，即 $-1 \geq 0$；而如果是後者，則由性質⒁知有 $0 + (-i) \geq i + (-i)$，即 $-i \geq 0$，既然 $-i \geq 0$，再根據性質⒂知有 $(-i) \times (-i) \geq 0$，隨之而有 $-1 \geq 0$。因此，不論是 $i \geq 0$ 或是 $0 \geq i$，都將導致 $-1 \geq 0$；另外，既然 $-1 \geq 0$，仍由性質⒂知有 $(-1) \times (-1) \geq 0$，即 $1 \geq 0$；但是既然

$-1 \geq 0$，若由性質(14)將有 $(-1)+1 \geq 0+1$，即 $0 \geq 1$，所以我們同時得到 $1 \geq 0$ 並且 $0 \geq 1$，這是矛盾的一件事，由此可見複數不是一個有序體。

　　說得白些，如果僅是要給複數排出一種大小次序是不成問題的，但是要在配置的次序上作出加乘的一般運算是辦不到的。

附　註

註

一個配置有次序及加乘兩種運算的集合 E 若是滿足下列諸性質，就稱 E 是一個有序體 (ordered field)：

(1)若 a, $b \in E$，則 $a+b \in E$, $a \times b \in E$。

(2)對任意 a, b, $c \in E$，有 $(a+b)+c = a+(b+c)$, $(a \times b) \times c = a \times (b \times c)$。

(3)存在 $0 \in E$ 使對任意 $a \in E$ 恆有 $0+a = a+0 = a$。

(4)存在 $1 \in E$ 使對任意 $a \in E$ 恆有 $1 \times a = a \times 1 = a$。

(5)對任意 $a \in E$，存在 $b \in E$ 使 $a+b = 0 = b+a$。

(6)對任意 $a \, (\neq 0) \in E$，存在 $b \in E$ 使 $a \times b = 1 = b \times a$。

(7)對任意 a, $b \in E$，有 $a+b = b+a$, $a \times b = b \times a$。

(8)對任意 a, b, $c \in E$，有 $a \times (b+c) = a \times b + a \times c$。

(9)對任意 $a \in E$，有 $a \geq a$。

(10)對任意 a, $b \in E$，若 $a \geq b$, $b \geq a$，則有 $a = b$。

(11)對任意 a, b, $c \in E$，若 $a \geq b$, $b \geq c$，則有 $a \geq c$。

(12)對任意 a, $b \in E$，恆有 $a \geq b$ 或是 $b \geq a$。

(13)對任意 a, $b \in E$，若 $a \geq b$, $a \neq b$，則存在 $c \in E$ 使 $a \geq c \geq b$，且 $c \neq a$, $c \neq b$。

(14)對任意 a, b, $c \in E$，若 $a \geq b$，則 $a+c \geq b+c$。

(15)對任意 a, $b \in E$，若 $a \geq 0$, $b \geq 0$，則 $a \times b \geq 0$。

大海的訊息

人生之成功與否
不在於
生前完成了多少的
豐功偉業
或
挣得了多大的
名與利
而是
臨走前
心中是否仍然
藏塞了揮之不去的陰影
心若是完全淨空
便是最圓滿的成就

第 9 章

錐線的光學性質

高中教材裡都有提到錐線的光學性質，它們的證明一般均採坐標幾何的方式處理，底下要給出一個採用綜合幾何方式的證明。

三個幾何性質

性質一

平面上，已知兩條不平行的直線 l 與 l'，及不在 l 與 l' 上的定點 F（圖1）。若 l 上的點，除了 P 能滿足：P 到 F 的距離 $\overline{PF}$ 等於 P 到 l' 的垂直距離 $\overline{PT}$ 之外，其他的點 Q 皆滿足：$\overline{QF}$ 大於 Q 到 l' 的垂直距離 $\overline{QS}$，則 $\alpha = \beta$。

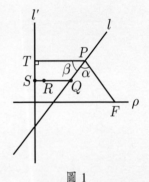

圖1

證明

取點 R 為 F 關於 l 之對稱點，則 $\overline{PR} = \overline{PF} = \overline{PT}$

假定 $R \neq T$，則 R 與 P 在 l' 的同側。令 ρ 為經過 F 並與 l' 垂直的直線，過 R 作 l' 的垂直線分別交 l'、l 於 S 與 Q，則 $\overline{QS} > \overline{QR} = \overline{QF}$，但是由已知：$\overline{QF} > \overline{QS}$，故 $R = T$，即點 T 是 F 關於 l 的對稱點，所以 $\alpha = \beta$ □

性質二

平面上，已知直線 l，及在 l 的同側的兩定點 F 與 F'（圖2）。若點 P 是 l 上使 $\overline{PF} + \overline{PF'}$ 為最小的點，則 $\alpha = \beta$。

性質三

平面上，已知直線 l，及在 l 的異側的兩定點 F 與 F'（圖3）。若點 P 是 l 上使 $\left| \overline{PF} - \overline{PF'} \right|$ 為最大的點，則 $\alpha = \beta$。❶

---

❶ 在性質三中，當 F 到 l 的距離等於 F' 到 l 的距離，此時，使 $\left| \overline{PF} - \overline{PF'} \right|$ 為最大的點 P 不存在。

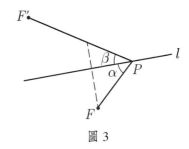

圖 2　　　　　　　　　　　圖 3

以上性質二與三之事實為讀者所熟悉，其證明略去不表。

錐線的光學性質

○ 拋物線的光學性質

設拋物線 Γ 的焦點為 F，對稱軸為 ρ，準線為 l'。

若 l 是過 Γ 上的點 P 的切線，且 m 是以 P 為始點且平行 ρ 的射線（圖 4），則線段 FP 與 l 的銳夾角 α 等於射線 m 與 l 的銳夾角 β。

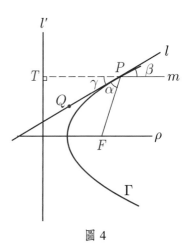

圖 4

證明 ▶

l 既是過 Γ 上的點 P 的切線，則 l 上的點，除 P 之外，其他的點 Q 均落在 Γ 之外；因此 $\overline{PF}$ 等於 P 到 l' 的垂直距離 $\overline{PT}$，而 $\overline{QF}$ 則大於 Q 到 l' 的垂直距離（由拋物線的定義知）。由前述性質一知 $\alpha = \gamma$。但 $\gamma = \beta$，故 $\alpha = \beta$

□

◎ 橢圓的光學性質

設橢圓 Γ 的焦點為 F 與 F'，若 l 是過 Γ 上的點 P 的切線，則線段 FP 與 l 的銳夾角 α 等於 $F'P$ 與 l 的銳夾角 β。（圖 5）

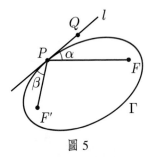

圖 5

證明 ▶

l 既是過 Γ 上的點 P 的切線，則 l 上的點，除 P 之外，其他的點 Q 均落在 Γ 之外；因此 $\overline{PF} + \overline{PF'} = 2a$（橢圓的長軸長），而 $\overline{QF} + \overline{QF'} > 2a$（由橢圓的定義知）。所以 $\overline{PF} + \overline{PF'} < \overline{QF} + \overline{QF'}$，即點 P 是 l 上使 $\overline{PF} + \overline{PF'}$ 為最小的點，由前述性質二知 $\alpha = \beta$ □

◎ 雙曲線的光學性質

設雙曲線 Γ 的焦點為 F 與 F'，若 l 是過 Γ 上的點 P 的切線，則線段 FP 與 l 的銳夾角 α 等於 $F'P$ 的延線 PS 與 l 的銳夾角 β。（圖 6）

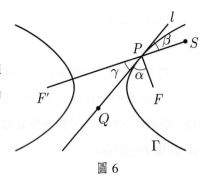

圖 6

證明 ▶

l 既是過 Γ 上的點 P 的切線，則 l 上的點除 P 之外，其他的點 Q 均落在 Γ 之外；因此 $\left| \overline{PF} - \overline{PF'} \right| = 2a$（雙曲線的貫軸長），而 $\left| \overline{QF} - \overline{QF'} \right| < 2a$（由雙曲線的定義知）。所以

$$\left| \overline{PF} - \overline{PF'} \right| > \left| \overline{QF} - \overline{QF'} \right|$$

即點 P 是 l 上使 $\left| \overline{PF} - \overline{PF'} \right|$ 為最大的點，由前述性質三知

$$\alpha = \gamma, \text{ 但 } \gamma = \beta$$

故 $$\alpha = \beta$$ □

大海的訊息

溪流中的一塊岩石
我的這具身體
兩者並無不同
岩石的流切風化
我的生老病死
都只是原初之心
那一瞬意念的幻化
看見岩石
看到了自己
同時也看見了一切
我是那超越初心的自性
我即光明

第 10 章

橢圓的伸縮作圖及其應用

橢圓的伸縮作圖

考慮平面上的圓 $x^2 + y^2 = b^2$, $b > 0$；如果將圓上的點 $P(x, y)$ 按 x 軸的方向移動到點 $P'(\frac{a}{b}x, y)$，其中 $a > b > 0$；那麼當 P 沿著圓掃過一周時，對應的 P' 便跟著掃出了整個橢圓：

$$\frac{x^2}{a^2} + \frac{y^2}{b^2} = 1$$

從映射的觀點來看，平面上的點 (x, y) 對應到點 $(\frac{a}{b}x, y)$，其實是一個線性映射，記為 f，

即
$$f(x, y) = (\frac{a}{b}x, y)$$

或是
$$f = \begin{pmatrix} \dfrac{a}{b} & 0 \\ 0 & 1 \end{pmatrix}$$

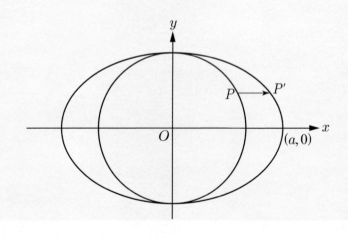

　　映射 f 不僅使得圓 $x^2 + y^2 = b^2$ 映至橢圓 $\dfrac{x^2}{a^2} + \dfrac{y^2}{b^2} = 1$；由於 $\det f = \dfrac{a}{b}$ $(\neq 0)$，因此 f 是一個 $\mathbb{R}^2 \to \mathbb{R}^2$ 的對射，從而存在反映射 f^{-1}。

　　顯然，
$$f^{-1}(x,\, y) = (\frac{b}{a}x,\, y)$$

　　或是
$$f^{-1} = \begin{pmatrix} \dfrac{b}{a} & 0 \\ 0 & 1 \end{pmatrix}$$

當然，f^{-1} 使得橢圓 $\dfrac{x^2}{a^2} + \dfrac{y^2}{b^2} = 1$ 映至圓 $x^2 + y^2 = b^2$。

　　根據 f 是一個 $\mathbb{R}^2 \to \mathbb{R}^2$ 的線性對射，知道 f 具有下列的性質：

性質一

任一直線 L 通過映射 f 所得的映像 $f(L)$ 仍是一直線；而一個三角形的映像也仍然是一個三角形。

性質二

任意共線的三點 A, B, C 與它們通過映射 f 的像點 A', B', C' 之間滿足：

$$\overline{AB} : \overline{BC} = \overline{A'B'} : \overline{B'C'}$$

特別是如果 B 是 AC 的中點，那麼 B' 也是 $A'C'$ 的中點。

性質三

如果兩條曲線 Γ_1 與 Γ_2 有唯一的交點，那麼映像 $f(\Gamma_1)$ 與 $f(\Gamma_2)$ 也有唯一的交點。特別是如果直線 L 是 Γ 的切線，那麼 $f(L)$ 也是 $f(\Gamma)$ 的切線。

性質四

假定直線 L 的方程式是 $\alpha x + \beta y + \gamma = 0$，那麼直線 $f(L)$ 的方程式便是

$\dfrac{b}{a}\alpha x + \beta y + \gamma = 0$，因此 $f(L)$ 的斜率 $= \dfrac{b}{a}(-\dfrac{\alpha}{\beta}) = \dfrac{b}{a}$ 乘以 L 的斜率，

也等於說 L 的斜率 $= \dfrac{a}{b}$ 乘以 $f(L)$ 的斜率。

所以有：

⑴原點 $0 \in L \Leftrightarrow 0 \in f(L)$

⑵對於任兩直線 L_1 與 L_2 有：$L_1 /\!/ L_2 \Leftrightarrow f(L_1) /\!/ f(L_2)$

性質五

任一圓 C 通過映射 f 的映像 $f(C)$ 是一個橢圓。

說明

取 $C \equiv x^2 + y^2 + \alpha x + \beta y + \gamma = 0$

則 $f(C) \equiv (\dfrac{b}{a}x)^2 + y^2 + \alpha(\dfrac{b}{a}x) + \beta y + \gamma = 0$

或是 $b^2 x^2 + a^2 y^2 + \alpha ab x + \beta a^2 y + \gamma a^2 = 0$　　　□

性質六

區域 ω 及其映像 $f(\omega)$，兩者的面積有

$$\frac{\text{area } f(\omega)}{\text{area } \omega} = \frac{a}{b}$$

特別是圓 $x^2 + y^2 = b^2$ 的面積是 πb^2，因此橢圓 $\dfrac{x^2}{a^2} + \dfrac{y^2}{b^2} = 1$ 的面積便是

$\dfrac{a}{b} \cdot \pi b^2 = \pi ab$

說明

假定區域 $f(\omega)$ 位於區間 $[\alpha, \beta]$ 內，那麼區域 ω 便位於區間 $[\dfrac{b}{a}\alpha, \dfrac{b}{a}\beta]$

內，而且兩者同高。隨意取一組以 $\dfrac{\beta - \alpha}{n}$ 為底 $(n \in \mathbb{N})$ 的矩形 $R_1, R_2, \cdots, R_n$，

它們外接於 $f(\omega)$，並且它們的面積和 S_n 是 $f(\omega)$ 的面積的一個右近似；通過映射 f^{-1}，則

$$f^{-1}(R_1),\ f^{-1}(R_2),\ \cdots,\ f^{-1}(R_n)$$

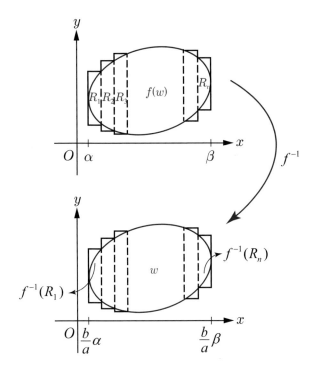

是一組以 $\dfrac{b}{a}\cdot\dfrac{\beta-\alpha}{n}$ 為底而高度則分別相同於 $R_1,\ R_2,\ \cdots,\ R_n$ 的高度的矩形；它們外接於 ω，並且它們的面積和 T_n 是 ω 的面積的一個右近似，其中 $T_n=\dfrac{b}{a}S_n$，即

$$\begin{cases} \text{area } f(\omega) = \lim S_n \\ \text{area } \omega \quad\ \ = \lim T_n = \lim \dfrac{b}{a}S_n \end{cases}$$

因此，

$$\frac{\text{area } f(\omega)}{\text{area } \omega} = \frac{a}{b}$$

應　用

底下的問題，涉及到的映射 f 若無特別指明，一律指

$$f = \begin{pmatrix} \dfrac{a}{b} & 0 \\ 0 & 1 \end{pmatrix}$$

例題 1

橢圓的任一組平行弦的中點的軌跡是通過中心的一條直線段。（這樣的直線段我們通常稱它是由這一組平行弦所產生的橢圓的一條直徑。）

證明

取橢圓 $\dfrac{x^2}{a^2} + \dfrac{y^2}{b^2} = 1$ 通過映射 f^{-1}，則橢圓的一組平行弦的中點便對應到圓的一組平行弦的中點（利用性質一、性質二及性質四(2)）。但是圓的一組平行弦的中點的軌跡顯然是通過圓心的一條直徑；通過映射 f，這條直徑便對應到當初橢圓那組平行弦的中點的軌跡。由性質一及性質四(1)知這個軌跡果然是通過中心的一條直線段

上面的證明結果便是說：

$$\text{圓 } x^2 + y^2 = b^2 \text{ 的直徑} \underset{f^{-1}}{\overset{f}{\rightleftharpoons}} \text{橢圓 } \dfrac{x^2}{a^2} + \dfrac{y^2}{b^2} = 1 \text{ 的直徑} \qquad \square$$

例題 2 ◉

如果橢圓 $\dfrac{x^2}{a^2} + \dfrac{y^2}{b^2} = 1$ 的一組平行弦的斜率為 m，則該組平行弦所產生的直徑的方程式為 $b^2x + a^2my = 0$。

證明 ▶

通過映射 f^{-1}，斜率為 m 的橢圓 $\dfrac{x^2}{a^2} + \dfrac{y^2}{b^2} = 1$ 的平行弦便對應到斜率為 $\dfrac{a}{b}m$ 的圓 $x^2 + y^2 = b^2$ 的平行弦，這樣的平行弦所產生的圓的直徑是

$$y = -\frac{b}{am}x \text{（因為直徑與弦垂直）}$$

或是 $$bx + amy = 0$$

將這個直徑通過映射 f 便得橢圓的直徑，由性質四知其方程式為

$$\frac{b}{a} \cdot bx + amy = 0$$

或是 $$b^2x + a^2my = 0 \qquad \square$$

例題 3 ◉

橢圓 $\dfrac{x^2}{a^2} + \dfrac{y^2}{b^2} = 1$ 外一點 $P_0(x_0,\, y_0)$ 到橢圓的兩個切點 A 與 B 的連線（稱作是 P_0 關於橢圓的極線）的方程式是

$$b^2x_0x + a^2y_0y = a^2b^2$$

證明 ▶

取 $f^{-1}(P_0) = P_0'$, $f^{-1}(A) = A'$ 及 $f^{-1}(B) = B'$

由性質三知：

$P_0'A'$, $P_0'B'$ 是 P_0' 到圓 $x^2 + y^2 = b^2$ 的兩條切線，經由簡易的運算得出直線 $A'B'$ 的方程式是 $\dfrac{b}{a}x_0x + y_0y = b^2$。

但是，直線 $AB \equiv f$（直線 $A'B'$），因此，由性質四知 AB 的方程式是

$$\frac{b}{a} \cdot \frac{b}{a}x_0x + y_0y = b^2$$

或是
$$b^2x_0x + a^2y_0y = a^2b^2 \qquad \square$$

例題 4 ●

直線 $\alpha x + \beta y + \gamma = 0$ 與橢圓 $\dfrac{x^2}{a^2} + \dfrac{y^2}{b^2} = 1$ 相切的條件是：

$\gamma^2 = a^2\alpha^2 + b^2\beta^2$。

證明 ▶

通過映射 f 與 f^{-1} 來看

直線 $\alpha x + \beta y + \gamma = 0$ 與橢圓 $\dfrac{x^2}{a^2} + \dfrac{y^2}{b^2} = 1$ 相切等價於

直線 $\dfrac{a}{b}\alpha x + \beta y + \gamma = 0$ 與圓 $x^2 + y^2 = b^2$ 相切

因此，所求條件便是圓心到切線的距離等於圓的半徑，即是

$$\frac{|\gamma|}{\sqrt{\dfrac{a^2}{b^2}\alpha^2 + \beta^2}} = b$$

或是
$$\gamma^2 = a^2\alpha^2 + b^2\beta^2 \qquad \square$$

例題 5

已知橢圓 $\dfrac{x^2}{36} + \dfrac{y^2}{9} = 1$ 的一弦的中點是 $(1, -2)$，試求包含該弦的直線的方程式。

解答

取 $f = \begin{pmatrix} \dfrac{6}{3} & 0 \\ 0 & 1 \end{pmatrix}$

又令欲求之直線為 L

設 $\qquad\qquad f(x, y) = (x, y) \begin{pmatrix} 2 & 0 \\ 0 & 1 \end{pmatrix} = (1, -2)$

得 $\qquad\qquad\qquad (x, y) = (\dfrac{1}{2}, -2)$

因為以 $(\dfrac{1}{2}, -2)$ 為中點的圓 $x^2 + y^2 = 9$ 的弦的直線 l 是

$$\dfrac{1}{2}x - 2y - \dfrac{17}{4} = 0$$

$\therefore \qquad\qquad L = f(l) \equiv \dfrac{1}{2} \cdot \dfrac{1}{2}x - 2y - \dfrac{17}{4} = 0$

或是 $\qquad\qquad x - 8y - 17 = 0$ □

以上的例子，有個共同的處理原則：

　　通過映射 f^{-1}，把有關橢圓問題的已知資料轉化為有關圓問題的資料，利用圓這個比較容易處理的對象，從圓的已知資料去獲得有關圓的結論；之後，再通過映射 f，把有關圓的結論還原為有關橢圓的結論。

　　要是把圓喻為「簡」，橢圓喻為「繁」，那麼上面說的正是「以簡御繁」。

底下再舉兩個例子。

例題 6

兩個橢圓 $\Gamma : \dfrac{x^2}{a^2} + \dfrac{y^2}{b^2} = 1$ 與 $\Gamma': \dfrac{x^2}{a'^2} + \dfrac{y^2}{b'^2} = 1$ 若是滿足 $\dfrac{a}{a'} = \dfrac{b}{b'}$，則此兩橢圓相似（即：過中心 O 的任一直線要是分別交 Γ, Γ' 於點 A, A'，則有 $\dfrac{\overline{OA}}{\overline{OA'}} = \dfrac{a}{a'}$（常數））。

證明

取
$$f = \begin{pmatrix} \dfrac{a}{b} & 0 \\ 0 & 1 \end{pmatrix} \quad \text{及} \quad f' = \begin{pmatrix} \dfrac{a'}{b'} & 0 \\ 0 & 1 \end{pmatrix}$$

由於 $\dfrac{a}{a'} = \dfrac{b}{b'}$，知 $f \equiv f'$，因此便有

$$f^{-1}(A) \in f^{-1}(\Gamma) \equiv x^2 + y^2 = b^2$$

及
$$f^{-1}(A') \in f^{-1}(\Gamma') \equiv x^2 + y^2 = b'^2$$

由性質二，即知

$$\frac{\overline{OA}}{\overline{OA'}} = \frac{\overline{Of^{-1}(A)}}{\overline{Of^{-1}(A')}} = \frac{b}{b'} = \frac{a}{a'} \qquad\qquad \square$$

例題 7

求橢圓 $\dfrac{x^2}{a^2} + \dfrac{y^2}{b^2} = 1$ 的內接 n 邊形的最大面積。

解答

設 P_n 表橢圓 $\dfrac{x^2}{a^2} + \dfrac{y^2}{b^2} = 1$ 的內接 n 邊形，通過映射 f^{-1}，知 $f^{-1}(P_n)$ 是圓

$x^2 + y^2 = b^2$ 的內接 n 邊形

且由性質六知 P_n 的面積 $= \dfrac{a}{b}$ 乘以 $f^{-1}(P_n)$ 的面積

但是，當 $f^{-1}(P_n)$ 是一個正 n 邊形時，$f^{-1}(P_n)$ 有最大面積 $\dfrac{n}{2}b^2\sin\dfrac{2\pi}{n}$，

因此 P_n 的最大面積 $= \dfrac{a}{b}\cdot\dfrac{n}{2}b^2\sin\dfrac{2\pi}{n} = \dfrac{n}{2}ab\sin\dfrac{2\pi}{n}$

（注意：當 $n \to \infty$ 時，$P_n = \pi ab \cdot \dfrac{\sin\dfrac{2\pi}{n}}{\dfrac{2\pi}{n}} \to \pi ab$）

特別是 P_3 的最大面積是 $\dfrac{3}{2}ab\sin\dfrac{2\pi}{3} = \dfrac{3\sqrt{3}}{4}ab$

　　　　P_4 的最大面積是 $\dfrac{4}{2}ab\sin\dfrac{2\pi}{4} = 2ab$

即是說，橢圓 $\dfrac{x^2}{a^2} + \dfrac{y^2}{b^2} = 1$ 的內接三角形與內接四邊形的最大面積分別是

$\dfrac{3\sqrt{3}}{4}ab$ 與 $2ab$

大海的訊息

沉思的黑岩
吟唱著
千古的永恆靜默
是乃
聖者之歌

第11章

聯想舉隅

　　藉著某些工具的發明，而發現了某些法則，是人類心智的獨特能力。這種能力的展現，常常建立在觀察與聯想的基礎上。

　　日常的教學，如果能在傳佈知識之外，多花些精神在觀察與聯想上，不僅課堂可以顯得更活潑，思維也將變得更靈活。

　　底下舉一個「聯想」的例子。

例題 1

線段 AB 內的點 P 如果滿足：

$\alpha \overrightarrow{PA} + \beta \overrightarrow{PB} = \vec{0}$（其中 α, $\beta > 0$）

則 $\overline{PB} : \overline{PA} = \alpha : \beta$（$\overline{PB}$ 表線段 PB 的長）。

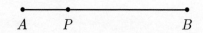

證明

$$\alpha \overrightarrow{PA} + \beta \overrightarrow{PB} = \vec{0}$$

$\Rightarrow \quad \alpha \overrightarrow{PA} = -\beta \overrightarrow{PB}$

$\Rightarrow \quad \alpha |\overrightarrow{PA}| = \beta |\overrightarrow{PB}|$

$\Rightarrow \quad \overline{PB} : \overline{PA} = \alpha : \beta$ □

例題 2

三角形 ABC 內的點 P 如果滿足：

$\alpha \overrightarrow{PA} + \beta \overrightarrow{PB} + \gamma \overrightarrow{PC} = \vec{0}$（其中 α, β, $\gamma > 0$）

則 $\triangle PBC : \triangle PAC : \triangle PAB = \alpha : \beta : \gamma$（$\triangle PBC$ 表三角形 PBC 的面積）。

證明 ▶

為了行文方便，令 $\vec{a} = \overrightarrow{PA}$, $\vec{b} = \overrightarrow{PB}$, $\vec{c} = \overrightarrow{PC}$

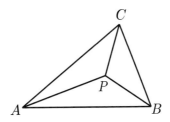

按向量的外積（註）的性質知：

$$\triangle PBC = \frac{1}{2}\left|\vec{b} \times \vec{c}\right|$$

$$\triangle PAC = \frac{1}{2}\left|\vec{a} \times \vec{c}\right|$$

$$\triangle PAB = \frac{1}{2}\left|\vec{a} \times \vec{b}\right|$$

又，由已知

$$\alpha\vec{a} + \beta\vec{b} + \gamma\vec{c} = \vec{0}$$

$\Rightarrow$
$$\begin{cases} \alpha\vec{a} \times \vec{a} + \beta\vec{b} \times \vec{a} + \gamma\vec{c} \times \vec{a} = \vec{0} \\ \alpha\vec{a} \times \vec{b} + \beta\vec{b} \times \vec{b} + \gamma\vec{c} \times \vec{b} = \vec{0} \end{cases}$$

$\Rightarrow$
$$\begin{cases} \beta\left|\vec{a} \times \vec{b}\right| = \gamma\left|\vec{a} \times \vec{c}\right| \\ \alpha\left|\vec{a} \times \vec{b}\right| = \gamma\left|\vec{b} \times \vec{c}\right| \end{cases} \quad (\because \vec{a} \times \vec{a} = \vec{b} \times \vec{b} = \vec{0})$$

$\Rightarrow$
$$\triangle PBC : \triangle PAC : \triangle PAB$$

$$= \left|\vec{b} \times \vec{c}\right| : \left|\vec{a} \times \vec{c}\right| : \left|\vec{a} \times \vec{b}\right| = \frac{\alpha}{\gamma} : \frac{\beta}{\gamma} : 1 = \alpha : \beta : \gamma \qquad \square$$

(1)上面兩個例題，第1題可以說是第2題的特例：

將三角形 ABC 的頂點 C 擠壓至線段 AB 上，此時整個三角形被壓縮成線段 AB，而 P 點也就同時被壓至線段 AB 上，因而 $\overrightarrow{PC}=\vec{0}$ 而成例題1的情形。由例題1的內容而聯想到有例題2這樣子的內容實在是可理解的。

(2)使上述兩個例題能夠呈現出相同內涵的一個主要工具便是向量。這便給了我們啟示：

工具的選取或是工具的創新，常可擴大視野，帶動創作的契機。

(3)將上述兩個例題分別看作是一維空間與二維空間的情形，我們不禁聯想：

三維空間也有一個相同內涵的問題存在嗎? 寫成敘述便是：

三角錐 $ABCD$ 內的點 P 如果滿足：

$$\alpha\overrightarrow{PA}+\beta\overrightarrow{PB}+\gamma\overrightarrow{PC}+\delta\overrightarrow{PD}=\vec{0}\ (\text{其中 } \alpha,\beta,\gamma,\delta>0)$$

則　　　　　$PBCD:PACD:PABD:PABC=\alpha:\beta:\gamma:\delta$

（$PBCD$ 表三角錐 $PBCD$ 的體積）

這個命題正確嗎? 不錯! 底下給予證明。

證明

令 $\vec{a}=\overrightarrow{PA},\vec{b}=\overrightarrow{PB},\vec{c}=\overrightarrow{PC},\vec{d}=\overrightarrow{PD}$

由向量的內積與外積的性質

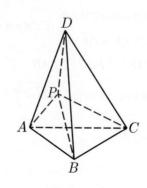

知三角錐

$$PBCD \text{ 的體積} = \frac{1}{6}\left|\vec{b}\cdot(\vec{c}\times\vec{d})\right|$$

$$PACD \text{ 的體積} = \frac{1}{6}\left|\vec{a}\cdot(\vec{c}\times\vec{d})\right|$$

$$PABD \text{ 的體積} = \frac{1}{6}\left|\vec{a}\cdot(\vec{b}\times\vec{d})\right|$$

$$PABC \text{ 的體積} = \frac{1}{6}\left|\vec{a}\cdot(\vec{b}\times\vec{c})\right|$$

又，由已知 $\quad \alpha\vec{a} + \beta\vec{b} + \gamma\vec{c} + \delta\vec{d} = \vec{0}$

$\Rightarrow \quad \begin{cases} \alpha\vec{a}\times\vec{a} + \beta\vec{b}\times\vec{a} + \gamma\vec{c}\times\vec{a} + \delta\vec{d}\times\vec{a} = \vec{0} \\ \alpha\vec{a}\times\vec{b} + \beta\vec{b}\times\vec{b} + \gamma\vec{c}\times\vec{b} + \delta\vec{d}\times\vec{b} = \vec{0} \\ \alpha\vec{a}\times\vec{c} + \beta\vec{b}\times\vec{c} + \gamma\vec{c}\times\vec{c} + \delta\vec{d}\times\vec{c} = \vec{0} \end{cases}$

$\Rightarrow \quad \begin{cases} \beta\vec{d}\cdot(\vec{a}\times\vec{b}) + \gamma\vec{d}\cdot(\vec{a}\times\vec{c}) = 0 \\ \alpha\vec{d}\cdot(\vec{a}\times\vec{b}) + \gamma\vec{d}\cdot(\vec{c}\times\vec{b}) = 0 \\ \alpha\vec{b}\cdot(\vec{a}\times\vec{c}) + \delta\vec{b}\cdot(\vec{d}\times\vec{c}) = 0 \end{cases}$

$$(\because \vec{a}\times\vec{a} = \vec{0},\ \vec{d}\cdot(\vec{a}\times\vec{d}) = 0 \text{ 等})$$

$\Rightarrow \quad \begin{cases} \beta\left|\vec{a}\cdot(\vec{b}\times\vec{d})\right| = \gamma\left|\vec{a}\cdot(\vec{c}\times\vec{d})\right| \\ \alpha\left|\vec{a}\cdot(\vec{b}\times\vec{d})\right| = \gamma\left|\vec{b}\cdot(\vec{c}\times\vec{d})\right| \\ \alpha\left|\vec{a}\cdot(\vec{b}\times\vec{c})\right| = \delta\left|\vec{b}\cdot(\vec{c}\times\vec{d})\right| \end{cases}$

$\Rightarrow \quad PBCD : PACD : PABD : PABC$

$$= \left|\vec{b}\cdot(\vec{c}\times\vec{d})\right| : \left|\vec{a}\cdot(\vec{c}\times\vec{d})\right| : \left|\vec{a}\cdot(\vec{b}\times\vec{d})\right| : \left|\vec{a}\cdot(\vec{b}\times\vec{c})\right|$$

$$= \frac{\alpha}{\delta} : \frac{\beta}{\delta} : \frac{\gamma}{\delta} : 1 = \alpha : \beta : \gamma : \delta \qquad \square$$

附　註

註

$\mathbb{R}^3$ 中向量的外積:

對於 $\mathbb{R}^3$ 中的非零向量 $\vec{a}$ 與 $\vec{b}$，如果存在唯一向量 $\vec{c}$ 滿足:

(1) $\vec{c} \perp \vec{a}$, $\vec{c} \perp \vec{b}$，且 $\vec{a}$, $\vec{b}$, $\vec{c}$ 成右手系位置（見圖示）。

(2) $\vec{c}$ 的長度 $|\vec{c}| = |\vec{a}||\vec{b}|\sin\theta$，其中 θ 為 $\vec{a}$ 與 $\vec{b}$ 的夾角。

　　（即 $\vec{c}$ 長度與由 $\vec{a}$, $\vec{b}$ 所張之平行四邊形面積等值）

則稱 $\vec{c}$ 為 $\vec{a}$ 與 $\vec{b}$ 的外積，記為 $\vec{c} = \vec{a} \times \vec{b}$。

另外，定義 $\vec{a} \times \vec{0} = \vec{0} \times \vec{a} = \vec{0}$。

由上述定義可得出下列性質:

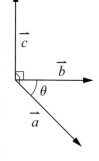

① $\vec{a} \times \vec{b} = -(\vec{b} \times \vec{a})$　$(|\vec{a} \times \vec{b}| = |\vec{b} \times \vec{a}|)$

② $\vec{a} \times \vec{a} = \vec{0}$

③ $\lambda\vec{a} \times \vec{b} = \lambda(\vec{a} \times \vec{b}) = \vec{a} \times (\lambda\vec{b})$, λ 是常數。

④ 假定 $\vec{a} = (a_1, a_2, a_3)$, $\vec{b} = (b_1, b_2, b_3)$, $\vec{c} = (c_1, c_2, c_3)$

　　為不共面的非零向量，則

$$\vec{a} \cdot (\vec{b} \times \vec{c}) = \begin{vmatrix} a_1 & a_2 & a_3 \\ b_1 & b_2 & b_3 \\ c_1 & c_2 & c_3 \end{vmatrix}$$

　　因而

$$\left|\vec{a} \cdot (\vec{b} \times \vec{c})\right| = \left|\vec{b} \cdot (\vec{c} \times \vec{a})\right| = \left|\vec{c} \cdot (\vec{a} \times \vec{b})\right|,$$

　　其值均表由 $\vec{a}$, $\vec{b}$, $\vec{c}$ 所張之平行六面體的體積，

　　特殊情形為 $\left|\vec{a} \cdot (\vec{a} \times \vec{b})\right| = 0$。

大海的訊息

在黑暗中
我想像著堅緻牢綁的世界
心中卻甚了明
它其實薄如一簾紙幕
只要肯在其上劃下一刀
便足顯露它背後的光明

第 12 章

配對問題

　　中小學生的社會科試卷上常會出現一些配對題：一邊是十個國家的名字，另一邊是十個首都的名字，要同學分別把十個國家用線連接它對應的首都。或者某一位秘書打好了不同的六張信與六個不同收信人的信封，之後要把信裝入正確的信封內。沒有人會傻到把一個國家連上兩個首都。當然，把兩封信裝入同一信封內的人也不配當秘書。這就是配對問題。用數學的術語來說便是：元素一樣多的兩個有限集合之間的一對一的對應。問題是，雖然連上了十條線，不見得就把國家與首都的名字作了完全正確的對應，正如同秘書要是不經心的話，很可能發生不可原諒的張冠李戴。

　　現在讓我提出一個很有意思的問題：假定某一位不知用功的學生在毫無準備的情況下，心存僥倖胡亂地畫上十條線作一番猜測，平均他會猜中幾題？或是一位花瓶秘書，就那麼不經心地隨意將一張一張的信裝入一個一個的信封內，平均她會裝對幾封？

　　假使我告訴你說這兩個問題的答案都是 1 時，你會否感到驚奇？更驚奇的是：不論配對題的題數是 $10, 20$ 或 n，其中的 n 是你可能想到的任何正整數，平均猜對的題數總是 1。裝信的情形當然也是一樣。為什麼會這樣呢？底下會給這件事來個證明，證明之前讓我們注意到事情裡面涉及到「平均」這個觀念。什麼是「平均」？

平　均

　　現代社會裡，我們常常接觸到「平均」這兩個字，譬如國民平均所得，班上月考的平均成績或者老師在結算同學的學期成績也常用到「平均」。

　　一般所指的平均是算術平均。譬如小蓉、小豐、小邦三人各有

180, 76, 11 元，三人平均有 $\dfrac{180+76+11}{3}=89$ 元。但是錢在各人口袋

裡，89 這數字會有什麼意義呢？換個說法看看，譬如有一個扒手，他

看到小蓉、小豐、小邦在一塊聊天，假定他原先沒有確定下手的對象，

也就是說三個人中的每一個被扒的機會一樣，都是 $\dfrac{1}{3}$，當然扒手事先

並不知道三人的口袋裡各有多少錢。現在要問：當他向其中一人下手

後，平均他會扒到多少錢呢？也許你心裡想該是 89 吧？怎麼得來的？

這樣算：

$$180\times\frac{1}{3}+76\times\frac{1}{3}+11\times\frac{1}{3}=89\ (\frac{180+76+11}{3}=89)$$

再舉一例：某次測驗，某班 39 人的成績分佈如下：

分　數	40	50	60	70	80	90
人　數	6	10	12	7	3	1

問平均分數？

你的答案會是：

$$平均分數=\frac{總分}{人數}=\frac{40\times6+50\times10+60\times12+70\times7+80\times3+90\times1}{39}$$

$$=\frac{2280}{39}=59.5$$

將上面的式子改寫得到：

$$平均分數=40\times\frac{6}{39}+50\times\frac{10}{39}+60\times\frac{12}{39}+70\times\frac{7}{39}+80\times\frac{3}{39}+90\times\frac{1}{39}$$

$$=59.5$$

這樣子的改寫，究竟表示什麼意義呢？看看：

班上 39 人中，如果隨意抽出一個，他的分數恰是 40，這樣的機

會有多大? 你會同意是 $\dfrac{6}{39}$。

　　同樣的, 隨意抽出一個, 他是考 80 分的, 機會應是 $\dfrac{3}{39}$。經由這般的解說, 我們可以瞭解, 「平均」是含有「機會」的觀念在裡頭。

　　通過以上的認識, 現在回頭看看原先的配對問題。

　　在回答「平均會猜中幾題」之前, 必須先考慮猜中的題數的可能情形, 譬如可能一題也沒猜中, 可能猜中 1 題、2 題或是 3 題、……、8 題、甚或 10 題全部猜中 (注意: 不會有猜中 9 題的情形), 因此, 平均猜中的題數應等於:

$$0 \times (1 \text{ 題也沒猜中的機會}) + 1 \times (\text{猜中 1 題的機會})$$
$$+ 2 \times (\text{猜中 2 題的機會}) + \cdots + 8 \times (\text{猜中 8 題的機會})$$
$$+ 10 \times (\text{猜中 10 題的機會})$$

　　為了方便, 設計如下的符號:

　　令 X 表猜中的題數, 所以 X 是一個變數 (通常稱為隨機變數), 它可以表示 0, 1, 2, 3, 4, 5, 6, 7, 8, 10 的任一個。

　　又令 $f(X)$ 表示猜中的題數是 X 的機會, 譬如 $f(0)$ 就是全沒猜中的機會, $f(1)$ 是猜中 1 題的機會, ……, $f(10)$ 是 10 題全部猜中的機會。

因此, 平均猜中的題數 $= 0 \times f(0) + 1 \times f(1) + 2 \times f(2) + \cdots +$
$$8 \times f(8) + 10 \times f(10)$$

$$= \sum_{x=0,\ x\neq9}^{10} X \cdot f(X)$$

　　一般說來, 題數為 n 的配對題中, 平均猜中的題數便是

$$\sum_{x=0,\ x\neq n-1}^{n} X \cdot f(X)$$

　　現在該來算算 $f(X)$ 了，譬如要計算 $f(10)$ 便是要算出十題全部猜中的機會，這要怎麼算呢?

$f(X)$ 的計算

　　譬如說二張不同的信裝入二個不同的信封，方法共有 2 種，其中二封信皆裝對的情形只有一種，二封均裝錯的情形也是一種，因此，這時 $f(2) = \dfrac{1}{2}$，而 $f(0)$ 也是 $\dfrac{1}{2}$。

所以平均裝對的信數 $= 0 \times \dfrac{1}{2} + 2 \times \dfrac{1}{2} = 1$。

　　把數目改為三，這時，三張信裝入三個信封的情形共有 6 種:

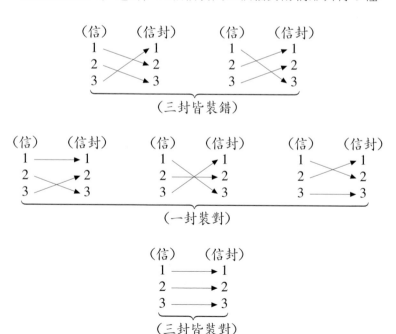

可以看出 $f(0) = \dfrac{2}{6}, f(1) = \dfrac{3}{6}, f(3) = \dfrac{1}{6}$

因此，平均裝對的信數 $= 0 \times \dfrac{2}{6} + 1 \times \dfrac{3}{6} + 3 \times \dfrac{1}{6} = 1$

　　現在來處理當 X 是很大時的 $f(X)$ 的一般計算。無妨令 $X = 0, 1,$ $2, 3, \cdots, n-2, n$。處理過程中會用到底下一個定理，因此先略作介紹。

取捨原理

　　計算集合的元素的個數時，大家常用到這個式子：

$$|A \cup B| = |A| + |B| - |A \cap B|$$

其中 $|A|$ 表 A 的元素的個數，餘同。這就是取捨原理。但是一般計算時，我們用到的是它的推廣：

$$|A \cup B \cup C| = |A| + |B| + |C| - |A \cap B| - |A \cap C| - |B \cap C| + |A \cap B \cap C|$$

或是

$$\begin{aligned} |A_1 \cup A_2 \cup \cdots \cup A_n| = &|A_1| + |A_2| + \cdots + |A_n| - |A_1 \cap A_2| - |A_1 \cap A_3| \\ &- \cdots - |A_{n-1} \cap A_n| + |A_1 \cap A_2 \cap A_3| \\ &+ \cdots + (-1)^{n-1}|A_1 \cap A_2 \cap \cdots \cap A_n| \end{aligned}$$

　　這個原理常被用在解決當至少有一個條件滿足或是諸多條件均被否定的情況時。譬如四張信裝入四個信封時共有 24 (4!) 種情形。其中四封皆裝錯（注意：假定把每一張信正確地裝入相對的信封看作是一個條件，那麼四封信都裝錯便是四個條件均被否定）的情形共有多少種？要是按先前列圖的方式來計算恐怕很麻煩，這時取捨原理便派得上用場：

由於 $|A_1' \cap A_2' \cap A_3' \cap A_4'| = |S| - |A_1 \cup A_2 \cup A_3 \cup A_4|$

其中 $|S|$ 表示 $24 =$ 裝信的所有情形的總數，A_i' 是 A_i 的否定，因而 $|A_1' \cap A_2' \cap A_3' \cap A_4'|$ 便表示四封信皆裝錯的情形的總數。

因為 $|A_1 \cup A_2 \cup A_3 \cup A_4| = |A_1| + |A_2| + |A_3| + |A_4| - |A_1 \cap A_2| - |A_1 \cap A_3|$

$$- \cdots + \cdots - |A_1 \cap A_2 \cap A_3 \cap A_4|$$

$$= 4 \times 3! - 6 \times 2! + 4 \times 1! - 1 = 15$$

而有 $f(0) = \dfrac{9}{24}$

同樣，可以算出 $f(1) = \dfrac{8}{24}, f(2) = \dfrac{6}{24}, f(4) = \dfrac{1}{24}$

因此，平均裝對的信數 $= 0 \times \dfrac{9}{24} + 1 \times \dfrac{8}{24} + 2 \times \dfrac{6}{24} + 4 \times \dfrac{1}{24} = 1$

有了前面的處理經驗作基礎，現在來求 $f(X)$。

譬如當 $X = r$，其中 $0 \leq r \leq n, r \neq n-1, r$ 是整數，我們所要計算的便是，如果 n 張信裝入 n 個信封，恰好裝對 r 封的機會到底多大？

因為到底是哪 r 封信是裝對的是一個隨機事件，有 C_r^n 種可能情形，譬如第一封到第 r 封皆裝對，其餘裝錯便是這 C_r^n 種情形之一，而在這之一的情形裡，那裝錯的 $n-r$ 封信究竟是如何的對應，本身也是有許多可能情況的隨機事件，計算如下：

$$
\begin{array}{ccccccc}
(信) & 1 & 2 & 3 \cdots\cdots & r & r+1 & r+2 \cdots\cdots n \\
& \downarrow & \downarrow & \downarrow & \downarrow & & \\
(信封) & 1 & 2 & 3 \cdots\cdots & r & \underbrace{r+1 \quad r+2 \cdots\cdots n}_{(n-r \text{ 封皆裝錯})}
\end{array}
$$

利用取捨原理算出這 $n-r$ 個皆裝錯的對應情形共有：

$$(n-r)! - [C_1^{n-r} \cdot (n-r-1)! - C_2^{n-r} \cdot (n-r-2)! + \cdots - (-1)^{n-r} C_{n-r}^{n-r}]$$

$$= (n-r)! - (n-r)![1 - \frac{1}{2!} + \frac{1}{3!} - \cdots - (-1)^{n-r} \frac{1}{(n-r)!}]$$

$$= (n-r)!(\frac{1}{2!} - \frac{1}{3!} + \cdots + (-1)^{n-r} \frac{1}{(n-r)!})$$

因此，恰好裝對 r 封信的情形，其總數是

$$C_r^n \cdot (n-r)!(\frac{1}{2!} - \frac{1}{3!} + \cdots + (-1)^{n-r} \frac{1}{(n-r)!})$$

由此，而知

$$f(r) = C_r^n \cdot (n-r)!(\frac{1}{2!} - \frac{1}{3!} + \cdots + (-1)^{n-r} \frac{1}{(n-r)!})/n!$$

$$= \frac{1}{r!}(\frac{1}{2!} - \frac{1}{3!} + \cdots + (-1)^{n-r} \frac{1}{(n-r)!})$$

$$(\text{注意：} f(n) = \frac{1}{n!})$$

有了上面的式子，便可輕易地計算 $f(X)$ 了。

譬如六張信裝入六個信封的情形：

$$f(0) = \frac{1}{0!}(\frac{1}{2!} - \frac{1}{3!} + \frac{1}{4!} - \frac{1}{5!} + \frac{1}{6!}) = \frac{265}{720}$$

$$f(1) = \frac{1}{1!}(\frac{1}{2!} - \frac{1}{3!} + \frac{1}{4!} - \frac{1}{5!}) = \frac{264}{720}$$

$$f(2) = \frac{1}{2!}(\frac{1}{2!} - \frac{1}{3!} + \frac{1}{4!}) = \frac{135}{720}$$

$$f(3) = \frac{1}{3!}(\frac{1}{2!} - \frac{1}{3!}) = \frac{40}{720}$$

$$f(4) = \frac{1}{4!}(\frac{1}{2!}) = \frac{15}{720}$$

$$f(6) = \frac{1}{6!} = \frac{1}{720}$$

因此，平均裝對的信數 $= 0 \times \frac{265}{720} + 1 \times \frac{264}{720} + 2 \times \frac{135}{720} + 3 \times \frac{40}{720}$

$$+ 4 \times \frac{15}{720} + 6 \times \frac{1}{720} = 1$$

　　前面我們看到的一些例子，都顯示了同樣的結果：平均數為 1。底下便要給出一個「平均數為 1」的一般性的證明。證明是用數學歸納法；另外也用到如下的式子：

$$C_2^k - C_3^k + C_4^k - \cdots + (-1)^k \cdot C_k^k = k - 1 \text{（註）}$$

這個式子的證明其實很簡單，但是仍把它放在本章末，免得中斷了閱讀情緒。

平均數等於 1

證明 ▶

當 $n = 1$ 時，也就是一張信裝入一個信封，無疑的，此時當然是裝對了一封

設 $n = k$ 時，平均數等於 1，即：

$$0 \times f(0) + 1 \times f(1) + 2 \times f(2) + \cdots + (k-2) \times f(k-2) + k \times f(k) = 1$$

$$\Leftrightarrow \quad 1 \times \frac{1}{1!}\left(\frac{1}{2!} - \frac{1}{3!} + \cdots + (-1)^{k-1}\frac{1}{(k-1)!}\right)$$

$$+ 2 \times \frac{1}{2!}\left(\frac{1}{2!} - \frac{1}{3!} + \cdots + (-1)^{k-2}\frac{1}{(k-2)!}\right)$$

$$+ \cdots + (k-2) \times \frac{1}{(k-2)!}\left(\frac{1}{2!}\right) + k \times \frac{1}{k!} = 1$$

當 $n = k + 1$ 時，由平均數的意義知：

$$\text{平均數} = 0 \times f(0) + 1 \times f(1) + 2 \times f(2) + \cdots + (k-1) \times f(k-1)$$

$$+ (k+1) \times f(k+1)$$

$$= 1 + \frac{1}{1!}\left(\frac{1}{2!} - \frac{1}{3!} + \cdots + (-1)^k \cdot \frac{1}{k!}\right)$$

$$+ 2 \times \frac{1}{2!}\left(\frac{1}{2!} - \frac{1}{3!} + \cdots + (-1)^{k-1} \cdot \frac{1}{(k-1)!}\right)$$

$$+\cdots+(k-2)\times\frac{1}{(k-2)!}(\frac{1}{2!}-\frac{1}{3!})$$

$$+(k-1)\times\frac{1}{(k-1)!}(\frac{1}{2!})+(k+1)\times\frac{1}{(k+1)!}$$

$$=[1\times\frac{1}{1!}(\frac{1}{2!}-\frac{1}{3!}+\cdots+(-1)^{k-1}\frac{1}{(k-1)!})$$

$$+2\times\frac{1}{2!}(\frac{1}{2!}-\frac{1}{3!}+\cdots+(-1)^{k-2}\frac{1}{(k-2)!})$$

$$+\cdots+(k-2)\times\frac{1}{(k-2)!}(\frac{1}{2!})+k\times\frac{1}{k!}]$$

$$-k\times\frac{1}{k!}+(k+1)\times\frac{1}{(k+1)!}$$

$$+[(k-1)\times\frac{1}{(k-1)!}(\frac{1}{2!})-(k-2)\times\frac{1}{(k-2)!}\times\frac{1}{3!}$$

$$\underset{(*)}{}$$

$$+\cdots+(-1)^{k}\times\frac{1}{k!}]$$

$$=1-k\times\frac{1}{k!}+(k+1)\times\frac{1}{(k+1)!}+(*)$$

其中的 $(*)$ 可再化簡為：

$$\frac{1}{(k-2)!}\times\frac{1}{2!}-\frac{1}{(k-3)!}\times\frac{1}{3!}+\cdots+(-1)^{k}\times\frac{1}{k!}$$

$$=\frac{1}{k!}[\frac{k!}{(k-2)!2!}-\frac{k!}{(k-3)!3!}+\cdots+(-1)^{k}\times\frac{k!}{k!}]$$

$$=\frac{1}{k!}[C_{2}^{k}-C_{3}^{k}+\cdots+(-1)^{k}C_{k}^{k}]$$

$$=\frac{k-1}{k!}$$

因此，平均數 $=1-\frac{k}{k!}+\frac{k+1}{(k+1)!}+\frac{k-1}{k!}=1$

即當 $n=k+1$ 時亦得平均數等於 1

後 記

上面的證明，確定了平均數為 1 的不移真理，但是多少仍有些疑問，尤其是一個小偷，假定拿了 6 把鑰匙去開啟 6 個裝了鎖的抽屜，假定一個鎖只試用一把鑰匙開啟，照上面的說法，平均他只能開對一個抽屜。也許你會跟這位小偷一樣起懷疑：要是換成 10 把鑰匙 10 把鎖，開對的不是應該多些才對嗎？但是上面的證明竟然是顛撲不破的告訴我們，即使是換成 100 把鑰匙 100 把鎖，平均開對的也只是一把，這樣的結論是不是跟我們的直覺有些距離？底下的說法你同不同意：

當鑰匙與鎖的數目增多時，開對的鎖固然可能增多，但是開錯的鎖也是相對的增加，所以平均起來仍然是⋯⋯

畢竟，我們一般人常犯有這樣的毛病：只看到正面的情況不斷的遞增，卻忽略了負面的情況也跟著相對的增加；正如同文明的發展，由於愚昧，只是見到那易見的一面不斷的成長進步，卻沒有看清那不易見的一面不斷的消失退化。

如果，配對問題的平均數為 1 這件事能引起對上面那段話的共鳴，這倒是很有意思的。

附 註

註
由二項展開式：$(x+1)^k = C_0^k + C_1^k x + C_2^k x^2 + \cdots + C_k^k x^k$

令 $x = -1$ 得 $0 = C_0^k - C_1^k + C_2^k - \cdots + (-1)^k C_k^k$

$\therefore C_2^k - C_3^k + \cdots + (-1)^k C_k^k = k - 1$

大海的訊息

知識無法讓我們脫離無知
事實上
對知識的偏執
便是一種無知

任何的執取都是無知
而
無知只不過是因為
遺忘了自己的真相

故此
實無無知

第 13 章

圖解不等式

　　有些不等式的證明或求解，如果改從幾何的觀點來處理，不僅饒富趣味並且深具意義。利用圖形的轉化，使得問題呈現出更具體的面貌；尤其對於高中理科學生來說，此種轉化的內涵是基礎數學的一種統合，不論是教或學，都是非常重要的素材。

　　下面舉一些問題的處理作例：

例題 1

(1)設 n 是正整數，證明 $2(\sqrt{n+1} - \sqrt{n}) < \dfrac{1}{\sqrt{n}} < 2(\sqrt{n} - \sqrt{n-1})$。

(2)設 a、b 是相異正數，證明 $\sqrt[3]{18a+9b} > 2\sqrt[3]{a} + \sqrt[3]{b}$。

證明

(1)由於
$$2(\sqrt{n+1} - \sqrt{n}) < \frac{1}{\sqrt{n}} < 2(\sqrt{n} - \sqrt{n-1})$$

$$\Leftrightarrow \frac{\sqrt{n-1} + \sqrt{n}}{2} < \sqrt{n} < \frac{\sqrt{n} + \sqrt{n+1}}{2} \tag{1}$$

因此我們把目標放在(1)式的證明上

考慮曲線 $y = \sqrt{x}$，$x \geq 0$ 的圖形如下：

在 x 軸上取 A、B 及 C 三點其坐標分別為 $(n-1, 0)$、$(n, 0)$ 及 $(n+1, 0)$

過 A、B、C 分別作 y 軸的平行線交曲線 $y = \sqrt{x}$ 於點 A'、B'、C'，則

$\overline{AA'} = \sqrt{n-1}$，$\overline{BB'} = \sqrt{n}$，$\overline{CC'} = \sqrt{n+1}$

∴梯形 $AA'B'B$ 的中線 $= \dfrac{\sqrt{n-1} + \sqrt{n}}{2}$

　梯形 $BB'C'C$ 的中線 $= \dfrac{\sqrt{n} + \sqrt{n+1}}{2}$

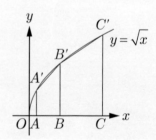

但是梯形 $AA'B'B$ 的中線 $< \overline{BB'} <$ 梯形

$BB'C'C$ 的中線，故

$$\frac{\sqrt{n-1} + \sqrt{n}}{2} < \sqrt{n} < \frac{\sqrt{n} + \sqrt{n+1}}{2}$$

(2)由於

$$\sqrt[3]{18a + 9b} > 2\sqrt[3]{a} + \sqrt[3]{b}$$

$$\Leftrightarrow \sqrt[3]{\frac{2a+b}{3}} > \frac{2\sqrt[3]{a} + \sqrt[3]{b}}{3} \qquad (2)$$

因此我們把目標放在(2)式的證明上

考慮曲線 $y = \sqrt[3]{x}$, $x \geq 0$ 的圖形如下：

在 x 軸上取 A、B、C 三點，使 $A = (a, 0)$, $B = (b, 0)$ 而 C 是線段 AB 上

的分點滿足 $\overline{AC} : \overline{CB} = 1 : 2$，則 $C = (\frac{2a+b}{3}, 0)$

過 A、B、C 分別作 y 軸的平行線

交曲線 $y = \sqrt[3]{x}$ 於點 A'、B'、C'，又

線段 CC' 交線段 $A'B'$ 於點 C''，則

$\overline{AA'} = \sqrt[3]{a}$, $\overline{BB'} = \sqrt[3]{b}$, $\overline{CC'} = \sqrt[3]{\frac{2a+b}{3}}$

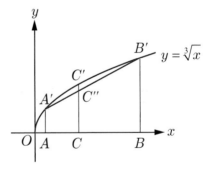

另外　　$\overline{CC''} = \dfrac{2\sqrt[3]{a} + \sqrt[3]{b}}{3}$

但是　　$\overline{CC'} > \overline{CC''}$

故　　$\sqrt[3]{\dfrac{2a+b}{3}} > \dfrac{2\sqrt[3]{a} + \sqrt[3]{b}}{3}$

例題 2 ◉

設 a_1, a_2, $\cdots$, $a_n \geq 0$，證明 $\dfrac{a_1 + a_2 + \cdots + a_n}{n} \geq \sqrt[n]{a_1 a_2 \cdots a_n}$

證明 ▶

考慮對數函數 $f(x) = \log x$, $x > 0$，由於它是凸函數，滿足

$$f(\frac{a_1 + a_2}{2}) \geq \frac{f(a_1) + f(a_2)}{2} \quad \text{（見下圖）}$$

我們可以運用數學歸納法證明它會滿足：

$$f(\frac{a_1 + a_2 + \cdots + a_n}{n}) \geq \frac{1}{n}[f(a_1) + f(a_2) + \cdots + f(a_n)]$$

$$\therefore \log \frac{a_1 + a_2 + \cdots + a_n}{n} \geq \frac{1}{n}(\log a_1 + \log a_2 + \cdots + \log a_n)$$

$$= \frac{1}{n} \log a_1 a_2 \cdots a_n$$

$$= \log \sqrt[n]{a_1 a_2 \cdots a_n}$$

但是 $f(x)$ 是一個遞增函數，故得

$$\frac{a_1 + a_2 + \cdots + a_n}{n} \geq \sqrt[n]{a_1 a_2 \cdots a_n}$$

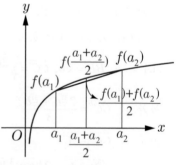

例題 3 ◉

設 α、β、γ 是三角形 ABC 的三個內角，證明：

$$\sin \alpha + \sin \beta + \sin \gamma \leq \frac{3\sqrt{3}}{2}。$$

證明 ▶

因為函數 $\sin x$ 在區間 $(0, \pi)$ 上是一個凸函數，而 $0 < \alpha,\ \beta,\ \gamma < \pi$

$$\therefore \quad \sin(\frac{\alpha + \beta + \gamma}{3}) \geq \frac{1}{3}(\sin \alpha + \sin \beta + \sin \gamma)$$

但是 $\quad \sin(\dfrac{\alpha + \beta + \gamma}{3}) = \sin\dfrac{\pi}{3} = \dfrac{\sqrt{3}}{2}$

故 $\quad \sin \alpha + \sin \beta + \sin \gamma \leq \dfrac{3\sqrt{3}}{2}$

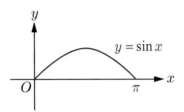

□

例題 4 ◉

設 n 是正整數，證明

(1) $1 + \dfrac{1}{2} + \dfrac{1}{3} + \cdots + \dfrac{1}{n} > \ln(n + 1)$

(2) $1 + \dfrac{1}{2^2} + \dfrac{1}{3^2} + \cdots + \dfrac{1}{n^2} \leq 2 - \dfrac{1}{n}$

證明 ▶

(1) 考慮曲線 $y = \dfrac{1}{x}$, $x > 0$ 的圖形：

　　在 x 軸上取點 A_1, A_2, $\cdots$, A_{n+1}，其坐標

　　為 $A_i = (i, 0)$, $i = 1, 2, \cdots, n + 1$，由圖中

　　知道：塗色區域的面積 $S = 1 + \dfrac{1}{2} + \dfrac{1}{3}$

　　$+ \cdots + \dfrac{1}{n}$；而曲線 $y = \dfrac{1}{x}$ 與 x 軸及直線

　　$x = 1, x = n + 1$ 所圍區域的面積

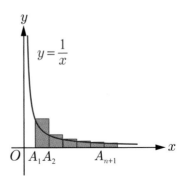

$$S' = \int_1^{n+1} \frac{1}{x} \, dx = \ln(n+1)$$

但是　　　$S > S'$

故　　　$1 + \dfrac{1}{2} + \dfrac{1}{3} + \cdots + \dfrac{1}{n} > \ln(n+1)$

(2)考慮曲線 $y = \dfrac{1}{x^2}$, $x > 0$ 的圖形：

在 x 軸上取點 B_1, B_2, $\cdots$, B_n，其坐標為

$B_i = (i, 0)$, $i = 1, 2, \cdots, n$，由圖形知道：

塗色區域的面積 $S = \dfrac{1}{2^2} + \dfrac{1}{3^2} + \cdots + \dfrac{1}{n^2}$；

而曲線 $y = \dfrac{1}{x^2}$ 與 x 軸及直線 $x = 1$, $x = n$

所圍區域的面積 $S' = \int_1^n \dfrac{1}{x^2} \, dx = 1 - \dfrac{1}{n}$

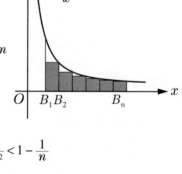

但是　　　　　　　　　　$S < S'$

$\therefore$　　　　　　$\dfrac{1}{2^2} + \dfrac{1}{3^2} + \cdots + \dfrac{1}{n^2} < 1 - \dfrac{1}{n}$

故　　　　　$1 + \dfrac{1}{2^2} + \dfrac{1}{3^2} + \cdots + \dfrac{1}{n^2} < 2 - \dfrac{1}{n}$　　　$\square$

例題 5 ◉

證明 $x = \pi$ 滿足不等式 $\dfrac{x}{3} - \sin \dfrac{x}{3} < \dfrac{1}{4} \left(\dfrac{x}{3} \right)^3$。

證明 ▶

由於 $x = \pi$ 滿足不等式 $\dfrac{x}{3} - \sin \dfrac{x}{3} < \dfrac{1}{4} \left(\dfrac{x}{3} \right)^3$

$$\Leftrightarrow \frac{\pi}{3} - \sin \frac{\pi}{3} < \frac{1}{4} \left(\frac{\pi}{3} \right)^3$$

$$\Leftrightarrow \pi^3 > 36\pi - 54\sqrt{3} \tag{3}$$

因此我們把目標放在(3)式的證明上。考慮函數

$f(x) = x^3 - 36x + 54\sqrt{3}$ 它的圖形如右圖所示。

可以看出在區間 $[0, \infty)$ 上有 $f(x) > 0$，而由

$\pi \in [0, \infty)$，知 $f(\pi) > 0$

即 $\pi^3 > 36\pi - 54\sqrt{3}$　　　　　　□

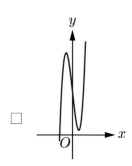

例題 6

(1)設 a、b、c 是已知的實數，a、b 不全為零，求

　$a\cos t + b\sin t + c$ $(t \in \mathbb{R})$ 的最大值與最小值。

(2)設 a_1, a_2, a_3; b_1, b_2, b_3 為實數，證明

　$(a_1^2 + a_2^2 + a_3^2)(b_1^2 + b_2^2 + b_3^2) \geq (a_1 b_1 + a_2 b_2 + a_3 b_3)^2$

證明

(1)因為 c 是常數，僅先考慮函數 $a\cos t + b\sin t$

　設 P 是圓 $C : x^2 + y^2 = 1$ 上的動點

　所以 P 的坐標可以寫為 $(\cos t, \sin t)$, $t \in \mathbb{R}$

　又 P 到直線 $l : ax + by = 0$ 的距離是 $d(P, l) = \dfrac{|a\cos t + b\sin t|}{\sqrt{a^2 + b^2}}$

　但是 l 通過圓心 $(0, 0)$

　∴　$d(P, l) \leq$ 半徑 $= 1$

　即　$\dfrac{|a\cos t + b\sin t|}{\sqrt{a^2 + b^2}} \leq 1$

　∴　$-\sqrt{a^2 + b^2} + c \leq a\cos t + b\sin t + c$

　　　　　　　　$\leq \sqrt{a^2 + b^2} + c$

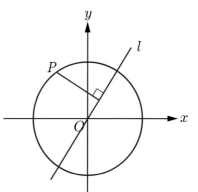

(2)取 $k = a_1^2 + a_2^2 + a_3^2$，然後考慮球面 $S : x^2 + y^2 + z^2 = k$

又，取平面 $E : b_1 x + b_2 y + b_3 z = 0$

由 $k = a_1^2 + a_2^2 + a_3^2$ 知道點 $Q = (a_1, a_2, a_3)$ 落在球面 S 上，且點 Q 到平面

E 的距離是 $d(Q, E) = \dfrac{|b_1 a_1 + b_2 a_2 + b_3 a_3|}{\sqrt{b_1^2 + b_2^2 + b_3^2}}$

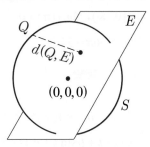

但是 E 通過 S 的球心 $(0, 0, 0)$

$\therefore \quad d(Q, E) \leq$ 半徑 $= \sqrt{k}$

即 $\quad \dfrac{|a_1 b_1 + a_2 b_2 + a_3 b_3|}{\sqrt{b_1^2 + b_2^2 + b_3^2}} \leq \sqrt{k}$

故 $\quad (a_1^2 + a_2^2 + a_3^2)(b_1^2 + b_2^2 + b_3^2) \geq (a_1 b_1 + a_2 b_2 + a_3 b_3)^2 \quad \square$

例題 7

解不等式(1) $x^2 - 2x - 3 > 3|x - 1|$　(2) $x - 1 > \sqrt{x^2 - 25}$

解答

(1)考慮曲線 $\gamma_1 : y = x^2 - 2x - 3$ 及曲線 $\gamma_2 : y = 3|x - 1|$ 的圖形

欲求 $x^2 - 2x - 3 > 3|x - 1|$ 之解，即求曲線 γ_1 在 γ_2 的上方時之 x 的範圍

由右圖中可以看出：在 A 點的右側以及 B 點

的左側，曲線 γ_1 落在 γ_2 的上方

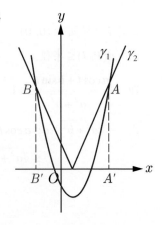

解 $\quad \begin{cases} x^2 - 2x - 3 = 3(x - 1) \\ x > 0 \end{cases}$

得 $\quad x = 5$

$\therefore \quad A' = (5, 0)$

解 $\quad \begin{cases} x^2 - 2x - 3 = -3(x - 1) \\ x < 0 \end{cases}$

得 $\quad x = -3$

∴　　　$B' = (-3, 0)$

因此所求之不等式的解是

$$x < -3 \text{ 或 } x > 5$$

(2)仿同題(1)的道理

$$x - 1 > \sqrt{x^2 - 25}$$

⟺ 曲線 $\gamma_1 : y = x - 1$ 落在

曲線 $\gamma_2 : y = \sqrt{x^2 - 25}$ 的上方

⟺ B' 的 x 坐標 ≤ $x < A'$ 的 x 坐標

但是 $B' = (5, 0)$, $A' = (13, 0)$

因此所求之不等式的解是

$$5 \leq x < 13 \qquad \square$$

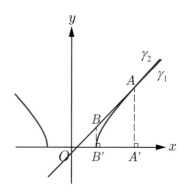

例題 8

設 $\alpha < 0$, $1 + \alpha > 0$, k 是正整數，證明 $(1 + \dfrac{k}{k+1}\alpha)^{k+1} > (1 + \alpha)^k$

證明

先作分析：$(1 + \dfrac{k}{k+1}\alpha)^{k+1} > (1 + \alpha)^k$

$$\Leftrightarrow (\frac{k\beta + 1}{k + 1})^{k+1} > \beta^k \quad (\because 1 + \alpha > 0, \text{ 且取 } \beta = 1 + \alpha)$$

$$\Leftrightarrow \frac{k\beta + 1}{k + 1} > \beta^{\frac{k}{k+1}}$$

$$\Leftrightarrow h\beta + 1 - h > \beta^h \quad (\text{取 } h = \frac{k}{k+1}, \text{ 並注意 } 0 < h < 1)$$

$$\Leftrightarrow h \text{ 是不等式 } x(\beta - 1) + 1 > \beta^x \text{ 的一個解} \qquad (4)$$

因此我們把目標放在(4)式的證明上。

考慮曲線 $\gamma_1 : y = x(\beta - 1) + 1$ 及曲線 $\gamma_2 : y = \beta^x$, $0 < \beta < 1$；它們的交點是

$A = (0, 1)$ 及 $B = (1, \beta)$，由圖中知道：

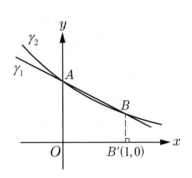

$$x(\beta - 1) + 1 > \beta^x$$

$\Leftrightarrow \gamma_1$ 落在 γ_2 的上方

$\Leftrightarrow 0 < x < 1$

由於 $0 < h < 1$，所以 h 滿足

$$x(\beta - 1) + 1 > \beta^x$$

隨之證得：

$$(1 + \frac{k}{k+1}\alpha)^{k+1} > (1 + \alpha)^k \qquad \square$$

例題 9

平面上，n 個已知點 $A_i = (x_i, y_i)$，$i = 1, 2, \cdots, n$。試找出直線 $L : y = mx + k$ 使過 A_i 而平行 y 軸之諸直線交 L 於諸點 A_i' 時能滿足 $\overline{A_1A_1'}^2 + \overline{A_2A_2'}^2 + \cdots + \overline{A_nA_n'}^2$ 為最小。

解答

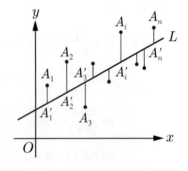

因為 $\overline{A_1A_1'}^2 + \overline{A_2A_2'}^2 + \cdots + \overline{A_nA_n'}^2$

$\quad = (mx_1 + k - y_1)^2 + (mx_2 + k - y_2)^2$

$\qquad + \cdots + (mx_n + k - y_n)^2$

當我們取向量

$V = (mx_1 + k - y_1, mx_2 + k - y_2, \cdots,$

$\quad mx_n + k - y_n)$

$\quad = m(x_1, x_2, \cdots, x_n) + k(1, 1, \cdots, 1)$

$\quad - (y_1, y_2, \cdots, y_n)$

$\quad = mX + kZ - Y$ 時

其中 $X = (x_1, x_2, \cdots, x_n)$，$Z = (1, 1, \cdots, 1)$，$Y = (y_1, y_2, \cdots, y_n)$ 均為已知向量

問題的目標變成：如何找出 m 與 k
的值，使 V 的長度最小
由於 $mX + kZ$ 是 X 與 Z 所張拓的
平面 E 上的向量，因此由圖中，我
們看出 V 的長度最小的充分、必要
條件是 V 垂直平面 E，即 $V \perp X$ 且 $V \perp Z$

$$\therefore \begin{cases} (mX + kZ - Y) \cdot X = 0 \\ (mX + kZ - Y) \cdot Z = 0 \end{cases} \Rightarrow \begin{cases} (\sum\limits_{i=1}^{n} x_i^2)m + (\sum\limits_{i=1}^{n} x_i)k = \sum\limits_{i=1}^{n} x_i y_i \\ (\sum\limits_{i=1}^{n} x_i)m + nk = \sum\limits_{i=1}^{n} y_i \end{cases}$$

得 $m = \dfrac{n\sum\limits_{i=1}^{n} x_i y_i - \sum\limits_{i=1}^{n} x_i \sum\limits_{i=1}^{n} y_i}{n\sum\limits_{i=1}^{n} x_i^2 - (\sum\limits_{i=1}^{n} x_i)^2}$, $k = \dfrac{\sum\limits_{i=1}^{n} x_i^2 \sum\limits_{i=1}^{n} y_i - \sum\limits_{i=1}^{n} x_i \sum\limits_{i=1}^{n} x_i y_i}{n\sum\limits_{i=1}^{n} x_i^2 - (\sum\limits_{i=1}^{n} x_i)^2}$ □

大海的訊息

如果有所謂的道德

那是用來審度自己

而非

丈量他人

因為

丈量他人這件事的本身

就是非道德的

第 14 章

阿基米德為什麼會這樣子想

高中數學教本中有如下的一段敘文：

「阿基米德求圓周率需要開平方時，並不是利用傳統開平方法，他用的是下面的不等式：

$$w + \frac{p}{2w+1} < \sqrt{w^2 + p} < w + \frac{p}{2w}$$

及

$$w - \frac{p}{2w-1} < \sqrt{w^2 - p} < w - \frac{p}{2w}$$

在這兩組不等式中，w、p 都是正數；而在第二組不等式中，當然要求 $w^2 > p$；此外對 w、p 之間的大小關係要作少許限制，不等式才會成立。

我們把結果歸納如下：

$$\sqrt{w^2 + p} < w + \frac{p}{2w} \text{ 及 } \sqrt{w^2 - p} < w - \frac{p}{2w} \text{ 恆成立。} \tag{1}$$

$$p < 2w + 1 \text{ 時，} w + \frac{p}{2w+1} < \sqrt{w^2 + p} \text{ 恆成立。}$$

$$p < 2w - 1 \text{ 時，} w - \frac{p}{2w-1} < \sqrt{w^2 - p} \text{ 恒成立。} \tag{2}$$

(1)式的證明很簡單，只要將兩邊平方比較大小即得。再看(2)式，若取正號，則得

$$(w + \frac{p}{2w+1})^2 = w^2 + \frac{2w}{2w+1}p + \frac{p^2}{(2w+1)^2}$$

$$= w^2 + p - (\frac{p}{2w+1} - \frac{p^2}{(2w+1)^2})$$

$$= w^2 + p - \frac{p}{2w+1}(1 - \frac{p}{2w+1})$$

$$< w^2 + p$$

兩邊開平方即得所要的結果。

　　取負號時的證法與正號的情形相似。

　　教師在課堂上能否把如上的敘文照本宣科帶過便算交代了事? 課本是死的，教師是活的，更重要的是學生也是活的，所以有幾件事不能不交代清楚。

　　(i)為什麼(1)式中，w、p 之間的大小關係事先知道要如此限制?

　　(ii)根本的問題是這兩組不等式是怎麼想到的?

其實(i)的答案就隱藏在(ii)的答案裡。在說明之前，先提出一個定理。

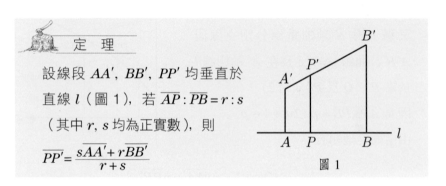

定　理

設線段 AA', BB', PP' 均垂直於直線 l（圖 1），若 $\overline{AP} : \overline{PB} = r : s$（其中 r, s 均為正實數），則

$$\overline{PP'} = \frac{s\overline{AA'} + r\overline{BB'}}{r + s}$$

圖 1

證明 ▶

由梯形 $AA'P'P$ 的面積加上梯形 $PP'B'B$ 的面積等於梯形 $AA'B'B$ 的面積

得　　$$\frac{(\overline{AA'} + \overline{PP'})r}{2} + \frac{(\overline{PP'} + \overline{BB'})s}{2} = \frac{(\overline{AA'} + \overline{BB'})(r + s)}{2}$$

∴　　$$\overline{PP'} = \frac{s\overline{AA'} + r\overline{BB'}}{r + s}$$　　□

　　我們在估計一個正數 x 的平方根 $\sqrt{x}$ 時，x 不會是 w^2 這樣的型式，當然也不會是 $(w+1)^2$ 或是 $(w-1)^2$ 的型式，否則 $\sqrt{x}$ 就直接是

w 或是 $w+1$ 或是 $w-1$，又何必談估計，因此所估計的通常是下面的兩種情況：

(1) x 滿足 $\qquad w^2 < x = w^2 + p < (w+1)^2$

此時 $\qquad \sqrt{w^2} < \sqrt{w^2+p} < \sqrt{(w+1)^2}$

即 $\qquad 0 < p < 2w+1$

考慮曲線 $y = \sqrt{x}$

取點 $A = (w^2, 0)$, $P = (w^2+p, 0)$, $B = ((w+1)^2, 0)$

過 A、B 所作 x 軸的垂直線分別交曲線 $y = \sqrt{x}$ 於點 A'、B'

又過 P 作 x 軸的垂線分別交線段 $A'B'$、曲線 $y = \sqrt{x}$ 及在 A' 的切線 l 於點 P'、Q 及 P''（圖 2）

因為 $\overline{AP} : \overline{PB} = p : 2w+1-p$

由前面定理知有

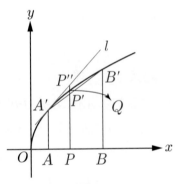

圖 2

$$\overline{PP'} = \frac{(2w+1-p)\overline{AA'} + p\overline{BB'}}{p+2w+1-p}$$

$$= \frac{(2w+1-p)w + p(w+1)}{2w+1}$$

$$= \frac{w(2w+1) + p}{2w+1}$$

$$= w + \frac{p}{2w+1}$$

而切線 l 的方程式是 $y = w + \dfrac{1}{2w}(x - w^2)$

$\therefore \qquad \overline{PP''} = w + \dfrac{1}{2w}(w^2 + p - w^2) = w + \dfrac{p}{2w}$

但是 $\qquad \overline{PP'} < \overline{PQ} < \overline{PP''}$，且 $\overline{PQ} = \sqrt{w^2 + p}$

故 $\qquad w + \dfrac{p}{2w+1} < \sqrt{w^2 + p} < w + \dfrac{p}{2w}$

(2) x 滿足 $\qquad (w-1)^2 < x = w^2 - p < w^2$

此時 $\qquad \sqrt{(w-1)^2} < \sqrt{w^2 - p} < \sqrt{w^2}$

即 $\qquad 0 < p < 2w - 1$

仍然考慮曲線 $y = \sqrt{x}$

取點 $A = ((w-1)^2, 0)$, $P = (w^2 - p, 0)$, $B = (w^2, 0)$

過 A、B 所作 x 軸的垂直線分別交曲線 $y = \sqrt{x}$ 於點 A'、B'

又過 P 作 x 軸的垂線分別交線段 $A'B'$、曲線 $y = \sqrt{x}$ 及在 B' 的切線 l 於點 P'、Q 及 P''（圖 3）

因為 $\qquad \overline{AP} : \overline{PB} = 2w - 1 - p : p$

$\therefore \qquad \overline{PP'} = \dfrac{p\overline{AA'} + (2w-1-p)\overline{BB'}}{2w-1-p+p}$

$\qquad\qquad = \dfrac{p(w-1) + (2w-1-p)w}{2w-1}$

$\qquad\qquad = \dfrac{w(2w-1) - p}{2w-1}$

$\qquad\qquad = w - \dfrac{p}{2w-1}$

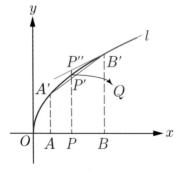

圖 3

而切線 l 的方程式是 $y = w + \dfrac{1}{2w}(x - w^2)$

$\therefore$ $\qquad\qquad\quad \overline{PP''} = w + \dfrac{1}{2w}(w^2 - p - w^2)$

$\qquad\qquad\qquad\quad = w - \dfrac{p}{2w}$

但是 $\qquad\qquad \overline{PP'} < \overline{PQ} < \overline{PP''}$，且 $\overline{PQ} = \sqrt{w^2 - p}$

故 $\qquad\qquad w - \dfrac{p}{2w-1} < \sqrt{w^2 - p} < w - \dfrac{p}{2w}$

　　我們缺乏證據能夠說阿基米德就是根據上面的想法而獲得了那兩組不等式，但是想法中所呈現的是直覺與自然。

大海的訊息

終點
終點便是始點
問題的答覆就在問題的出處
答覆即是問題的本身

第 15 章

課堂記事

　　即使到現在執筆的這個時刻，我仍是懷著興奮的心情，迫不及待地想把課堂上出現的一些事情記述下來供大家來聽聽評評。❶

　　我教兩個班的數學，分別是高一及高二的實驗班（俗稱的數理資優班），要談的當然是這兩班的課堂事，可以談的實在不少，不過，現在只談最近發生的。

　　先要提起的一件事，待讀者諸君看完後，也許會覺得沒什麼大不了，可是對我這個教了二十多年書的人來說，仍然覺得此事相當稀有少見而深受感動。事情是這樣，某星期二的上午，在數學教室裡有著連續兩堂高一班的數學課，上完第一堂之後，我宣佈說下一堂課的時間請同學們用來把教室好好整理一番。關於這間數學教室，我不能不作個簡要的介紹，這間教室目前只有高一及高二實驗班的學生在上數學課時使用，平時無人清潔整理，裡面設有十多臺算是很不錯的個人電腦，也有五張大長方桌供學生上課以及討論時之用，並且供有不少的藏書讓學生自由的取閱。在這個教室裡，所有的人被鼓勵以開放的心自由地討論，自由地開機使用電腦，自由地取書借閱，自由地發問，自由地上到黑板前發表自己對解題的見解，自由地可以約定任何時間要跟老師討論。

　　話說回頭，我告訴學生們把教室整理一番之後，二話沒說便離開了，待到第二堂將近下課走回教室時，呈現的光景著實嚇了我一跳。整個教室的地板、門窗、黑板、書櫃、桌面、電腦桌下，凡是可以看得到的地方，無不淨得發亮，幾乎是微塵不染；甚至那發亮的黑板還引得上下一堂課的高二學生抱怨說亮得太過分，產生反光妨礙了他們的視線。

　　好了，這樣一件事究竟有什麼值得一提的呢？第一、並沒有交代學生們該怎樣做，是他們自己決定如此的。第二、以往的班級即便有

❶ 此文是作者於 1994 年發表在〈數學傳播〉期刊上的文章。

所交代，也未曾做得如此淨亮。第三、現在的學生有多少人肯在沒有任何誘因之下用心仔細的清整一間教室？或許讀者諸君之中又有問說，學生的如此表現與你的數學教學又是何干？不錯，表面看來像是無關，深層一想可就有著內容。他們用心整理這間教室，顯示他們對這狹小天地的關愛與肯定，如此背後的另一面意義，其實反映了他們對於自己之能夠被鼓勵以尊重而開放的心靈，自由自在地透過彼此之間相互的討論與學習，扶持與信任，而達到思想交流、智慧提昇的肯定。這樣的學習生活，對照於以往他們的學習經驗是相當不同的，從他們對上數學課逐漸產生了一股期待，這樣的期待又與遞增的學習興致因循互動，使得教學常常是在辯證與思維的交互運動下熱烈的進行，因此也就不時會看到他們的想像與創造所噴發出來的火花。讀者諸君或許無法完全領會我在教室現場裡所感到的那種氣氛而生的感動，但我確是從中獲得了很大的欣慰與啟示。

接下來要談的第二件事是在某天早上發生。

課程已經進展到第六章的習題討論。應當說明的是，我有個習慣，在習題付諸討論之前，總是保留大約有十天左右的時間，讓學生在此期間內有充足的時間可以自己面對習題裡的問題先作一番的瞭解以及求解的實際操作，之後，選定某個課堂時間，對某些可能較有疑問或是爭議的問題，徵求學生主動地到黑板上提出，並說明他們的見解或是解法。同一問題可能出現不同人表達出不同的解法，有時也出現爭議而引起熱烈的討論，甚至有時也留下某些懸疑未決，把討論或辯證帶回到宿舍裡繼續進行。

這樣的討論課是我最喜歡的。有時會發現他們之中有獨特的思考路線，教人興奮半天。

現在，黑板上有兩位學生正在解下面的問題：

設 $a, b \in \mathbb{R}$, $f(x) = x^2 + ax + b$, $g(x) = f(f(x))$，試證 $g(x) - x$ 可被 $f(x) - x$ 整除。

他們的解法大同小異，不外是把 $g(x) - x$ 及 $f(x) - x$ 展開，其中一位就按著 x 的降次，再使用長除法而得證；另一位則按著某種的組合加以排序，而得到一種因式分解的證法。

顯然，第一位的解法是土法煉鋼，沒什麼稀奇；第二位的解法則是用了一點巧思，免掉了除法的冗長計算，但是這種巧思要是碰到 $f(x)$ 改成高次的話，是否仍然可行？此外，他們兩位所寫的式子都幾乎各佔滿了黑板的半個版面，而繁複的式子也真叫人難以檢驗其中的對錯。

我做了以上的評論。

於是，我問說：有誰可以提供較簡單的解法？

沒有任何反應，感覺似乎大家都有些無奈，只能如此，別無它法了。

我又說：也許有哪種方法，不須靠繁複的運算，說不定還可以應用到 $f(x)$ 是一般的 n 次式呢？

離下課還有幾分鐘，我繼續說：好吧，這堂課的討論暫時到此，剩下時間你們繼續想一想我剛提的問題。

下課休息時間，我仍在辦公桌前想我剛提的問題，一位學生走近身旁，後面跟著有三四位同學，他跟我提了幾個看來非常簡短的式子，問我說這樣子可算是證明嗎？我一時無法完全會意，便回說：下一堂課時，你何不把想法寫在黑板上，讓大家一起來聽看評理？

上課鐘響了，他在黑板上寫下了他的想法：

已知　　　　　　　　　$f(x) = x^2 + ax + b$

　　　　　　　　　　　$g(x) = f(f(x))$

　令　　　　　　　　　$f(\alpha) = \alpha$

所以　　　　　　　　　$g(\alpha) = f(f(\alpha)) = f(\alpha) = \alpha$

同理，令　　　　　　　$f(\beta) = \beta$ 也會有 $g(\beta) = \beta$

所以　　　　　　　　　$f(x) = x$ 與 $g(x) = x$ 有公根 α 及 β

　故　　　　　　　　　$f(x) - x$ 能整除 $g(x) - x$

底下學生們的反應是，有一兩個面露微笑地點著頭，大部分的則是茫茫然，看來不懂的樣子。

　　讀者諸君，當我看完這位學生的解法時，心裡實在是非常的興奮，因為，以一位高一的新生而能夠從這般不同的角度，切入這個問題，真的不簡單，相當有創意，值得大加稱讚。於是在大部分學生仍陷於茫然之際，我在黑板上寫了一個斗大的「讚!!」字在他的想法旁邊，學生頓時由茫然轉變成個個睜大了眼，教室裡忽地興起了一般期待的氣氛。

　　上面所寫的想法，之中的一兩個步驟雖然交代得不算明白，而且也未考慮在 $\alpha = \beta$ 時的情形，但是想法的簡潔，實在教人賞心悅目。我瞭解大部分的學生對「令 $f(\alpha) = \alpha$ 及 $f(\beta) = \beta$」這兩步關鍵處不甚明白，於是作了下面的補充：

　　考慮方程式 $f(x) = x$，它是一個二次方程，有兩根，令為 α 與 β。當 $\alpha \neq \beta$ 時，$f(\alpha) = \alpha$ 及 $f(\beta) = \beta$ 這兩個式子都將導致 $g(\alpha) = \alpha$ 及 $g(\beta) = \beta$，也就是說如果 α 與 β 是 $f(x) = x$ 的相異兩根，則 α 與 β 也是 $g(x) = x$ 的兩個相異根，因此 $f(x) - x$ 便也是 $g(x) - x$ 的因式。至於 $\alpha = \beta$ 時，或者進一步考慮 $f(x)$ 是一般的 n 次多項式，而 $f(x) = x$ 有重根時，我們可以用多項式的重根定理來處理較為方便，這方面的

內容對高一新生來說不容易用三言兩語交代清楚，只能留待學過微積分之後再作說明了（註）。

　　下課了，黑板上的想法及補充的說明都還留著，學生則陸陸續續地離開了教室。不久，下一堂課高二班的學生三三兩兩的又走了進來，一位較早到達的學生，習慣性地擦掉黑板上的東西，這一次，他留下了那個斗大的「讚!!」字以及旁邊所寫的想法，並且注視良久，整個人一動也未動，像是僵硬在那裡，這個舉動引起了後來學生的注意，大家都不約而同地跟著注視黑板上的東西，原本在未正式講課之前都是鬧嗡嗡的一片，這時卻是出奇的安靜，教室裡逐漸瀰漫著一股期待的氣氛。

　　我開始把剛剛上一堂課發生的一些事情告訴他們，之後，我感覺到他們內心所受到的震撼，而我心中的興奮卻一直持續著，即使到接近停筆的這個時刻。

附　註

所謂多項式的重根定理是這樣的：

設 $F(x)$ 為 x 的 n 次多項式，若 α 是方程式 $F(x)=0$ 的 k 重根 $(2 \le k \le n)$，則 α 也是方程式 $F'(x)=0$ 的 $k-1$ 重根。

根據這個定理，我們立即得到：

若 α 是方程式 $F(x)=0$ 的 k 重根，則有 $F(\alpha)=F'(\alpha)=\cdots=F^{(k-1)}(\alpha)=0$。反之，如果有 $F(\alpha)=F'(\alpha)=\cdots=F^{(k-1)}(\alpha)=0$，容易證明 $(x-\alpha)^k$ 是 $F(x)$ 的一個因式，即 α 是方程式 $F(x)=0$ 的 k 重根。現在回到原來的問題上。

如果 α 是方程式 $F(x) \equiv f(x)-x=0$ 的 k 重根，則有

$$F(\alpha) = F'(\alpha) = \cdots = F^{(k-1)}(\alpha) = 0$$

即
$$f(\alpha) = \alpha,\ f'(\alpha) = 1$$
$$f''(\alpha) = \cdots = f^{(k-1)}(\alpha) = 0$$

令
$$G(x) \equiv g(x) - x = f(f(x)) - x$$

則
$$G'(x) = f'(f(x)) \cdot f'(x) - 1$$
$$G''(x) = f''(f(x)) \cdot f'(x)^2 + f'(f(x)) \cdot f''(x)$$
$$G'''(x) = \cdots$$

因此

$$G(\alpha) = f(f(\alpha)) - \alpha = f(\alpha) - \alpha = 0$$
$$G'(\alpha) = f'(f(\alpha)) \cdot f'(\alpha) - 1 = f'(\alpha)^2 - 1 = 0$$
$$G''(\alpha) = f''(f(\alpha)) \cdot f'(\alpha)^2 + f'(\alpha) \cdot f''(\alpha) = 0$$
$$G'''(\alpha) = 0$$
$$\vdots$$
$$G^{(k-1)}(\alpha) = 0$$

所以 α 也是方程式 $G(x) = 0$ 的 k 重根。

故我們有如下的結論：

若 α 是 $f(x) - x = 0$ 的 k 重根，則 α 也是 $f(f(x)) - x = 0$ 的 k 重根。

綜合之，我們得到：方程式 $f(x) - x = 0$ 的所有根，都是方程式

$f(f(x)) - x = 0$ 的根，所以 $f(x) - x$ 恆為 $f(f(x)) - x$ 的因式。

大海的訊息

我並非畫山畫水
我是在創造山與水
畫面上的山水
與
我們身臨其境的山與水
是同一回事

第 16 章

挑戰你一個問題

問　題

已知直線 l 外的同側兩點 A、B，試在 l 上找出點 P，使 $\dfrac{\overline{PA}}{\overline{PB}}$ 之值

為極小。

A
$\cdot$
B
$\cdot$

—————————— l

挑戰問題之答覆

解答 ▶

P 點的找法：

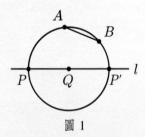

圖 1

作線段 AB 的中垂線交 l 於點 Q，以 Q 為圓心，$\overline{QA}$ 為半徑作圓 Q，圓

Q 交直線 l 於點 P 及點 P'（圖 1），則點 P 使 $\dfrac{\overline{PA}}{\overline{PB}}$ 為極小；而點 P' 使 $\dfrac{\overline{P'A}}{\overline{P'B}}$

為極大。　　　　　　　　　　　　　　　　　　　　　　　　　　　□

說明

(1) 平面上，設 A, B 為兩定點，k 為一常數，$k \neq 1$，則滿足 $\dfrac{\overline{PA}}{\overline{PB}} = k$ 的動點

P 的軌跡為一圓。記此圓的圓心為 K，半徑為 r，則有

　(i) $\overline{KA} \cdot \overline{KB} = r^2$

　(ii) 隨 k 之值愈小，則點 K 愈接近點 A。（圖

　　2）（註）

(2) 通過 A, B 兩點的任何一圓 Q，必與上述(1)

　中之圓 K 正交：若 P 是兩圓的一個交點，由

　上述(1)知有 $\overline{KA} \cdot \overline{KB} = \overline{KP}^2$，所以 KP 是圓 Q

　的一條切線，因此，兩個半徑 KP 與 QP 相互垂直（圖3）

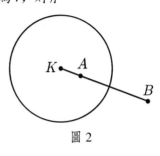

圖 2

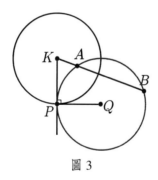

圖 3

(3) 使 $\dfrac{\overline{PA}}{\overline{PB}}$ 為極大，便相當於是使 $\dfrac{\overline{PB}}{\overline{PA}}$ 為極小。此即點 P' 的身分所在。

□

　　綜合上面三個說明，加上一點點與原問題的聯結之想，便足以理解 P 點的找法。

附　註

註

取 $k < 1$（因為如果 $k > 1$ 時，可改考慮 $\dfrac{\overline{PB}}{\overline{PA}} = k$）

取平面坐標系，使 $A = (0, 0)$, $B = (1, 0)$

令 $P = (x, y)$

由
$$\frac{\overline{PA}}{\overline{PB}} = k$$

$\Leftrightarrow$
$$\sqrt{x^2 + y^2} = k\sqrt{(x-1)^2 + y^2}$$

$\Leftrightarrow$
$$(x - \frac{k^2}{k^2 - 1})^2 + y^2 = (\frac{k}{1 - k^2})^2$$

所以點 P 的軌跡為一圓，圓心 $K = (\dfrac{k^2}{k^2 - 1}, 0)$，半徑 $r = \dfrac{k}{1 - k^2}$

(1) $\overline{KA} \cdot \overline{KB} = \dfrac{k^2}{1 - k^2}(1 - \dfrac{k^2}{k^2 - 1}) = (\dfrac{k}{1 - k^2})^2 = r^2$

(2) 由 $\overline{KA} = \dfrac{k^2}{1 - k^2} = \dfrac{1}{\dfrac{1}{k^2} - 1}$

　　知 k 值愈小，$\overline{KA}$ 隨之愈小，即點 k 愈接近點 A。

大海的訊息

凡出自於恐懼的
無論是以何種形式呈現
皆屬迷信
愈是相信它
愈是受制於它

迷信乃是
迷失了對真實自己的信仰
墮入幻覺而不自知

第 17 章

從函數觀點看遞迴數列

$$a_{n+1} = \frac{\alpha a_n + \beta}{\gamma a_n + \delta}$$

對於一個遞迴數列 $a_{n+1} = f(a_n)$，如果把 a_n 視為變數 x，那麼 a_{n+1} 便可視為倚變數 y，因而在坐標平面上，就對應有一條曲線 $y = f(x)$；反之，任予一曲線 $y = f(x)$，也相應有一個遞迴數列 $a_{n+1} = f(a_n)$。

一個大家熟知的事實是：

數列 $\langle a_n \rangle$ 如果滿足 $a_{n+1} = \alpha a_n$ $(\alpha \ne 1)$，那麼 $\langle a_n \rangle$ 是以 α 為公比的等比數列，其一般表式是 $a_n = a_1 \cdot \alpha^{n-1}$。

考慮數列 $a_{n+1} = \alpha a_n + \beta$ $(\alpha \ne 1,\ \beta \ne 0)$，其相應的曲線是

$$\Gamma_0 : y = \alpha x + \beta$$

由於 $\beta \ne 0$，所以 Γ_0 不通過坐標平面的原點 O（圖 1）。現在，想找一個適當的坐標系，使得 Γ_0 會通過該坐標系的原點。怎麼找呢？當然，隨便取 Γ_0 上的一點當作原點即可；但是，我們想要找的卻是一個非常特殊的點 P，它不僅落在 Γ_0 上，也落在直線 $L : y = x$ 上。也就是說

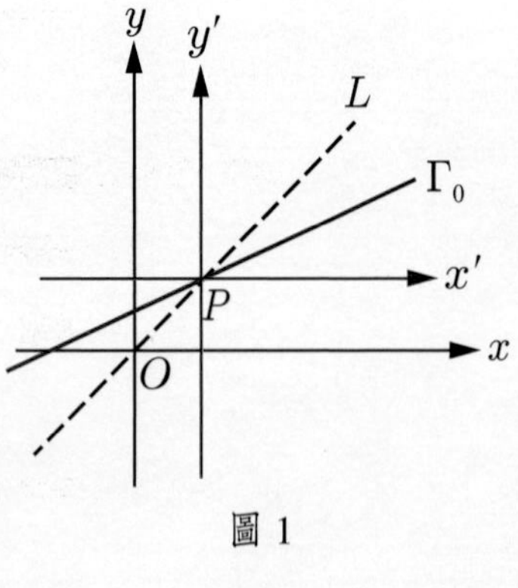

圖 1

$$P : \begin{cases} y = \alpha x + \beta \\ y = x \end{cases}$$

$$\therefore \qquad P = \left(\frac{\beta}{1-\alpha}, \frac{\beta}{1-\alpha} \right)$$

（為什麼會這樣子想呢? 我們想像，要是數列 $a_{n+1} = \alpha a_n + \beta$ 收斂到 l 的話，就有 $\lim_{n \to \infty} a_{n+1} = \lim_{n \to \infty} a_n = l$，因而有 $l = \alpha l + \beta$，則 $l = \dfrac{\beta}{1-\alpha}$。）

將坐標平移，使 P 為新原點，則坐標變換為:

$$\begin{cases} x = x' + \dfrac{\beta}{1-\alpha} \\ y = y' + \dfrac{\beta}{1-\alpha} \end{cases} \tag{1}$$

此時，Γ_0 不僅會通過新原點 P，而且對新坐標系 $x'y'$ 而言，Γ_0 有更簡潔的方程式:

$$y' + \frac{\beta}{1-\alpha} = \alpha(x' + \frac{\beta}{1-\alpha}) + \beta$$

即
$$y' = \alpha x'$$

其相應的遞迴數列則為 $b_{n+1} = \alpha b_n$，而由於(1)，我們知道 b_n 與 a_n 有如下的關係:

$$a_n = b_n + \frac{\beta}{1-\alpha}$$

$\therefore$
$$a_n = b_1 \cdot \alpha^{n-1} + \frac{\beta}{1-\alpha}$$

即
$$a_n = (a_1 - \frac{\beta}{1-\alpha}) \cdot \alpha^{n-1} + \frac{\beta}{1-\alpha}$$

現在考慮數列 $a_{n+1} = \dfrac{\alpha a_n + \beta}{\gamma a_n + \delta}$ $(\alpha \neq \delta,\ \gamma \neq 0,\ \beta \neq 0)$，其相應的曲線是：

$$\Gamma_1 : y = \dfrac{\alpha x + \beta}{\gamma x + \delta}$$

由於 $\beta \neq 0$，所以 Γ_1 是一條不通過原點的等軸雙曲線（圖2）。找出 Γ_1 與直線 $L : y = x$ 的一個交點 Q：

$$Q : \begin{cases} y = \dfrac{\alpha x + \beta}{\gamma x + \delta} \\ y = x \end{cases}$$

$\therefore \qquad Q = (s,\ s)$，其中

$$s = \dfrac{(\alpha - \delta) + \sqrt{(\alpha - \delta)^2 + 4\beta\gamma}}{2\gamma}$$

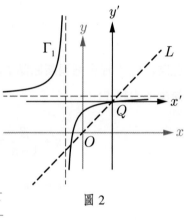

圖 2

將坐標平移，使 Q 為新原點，得坐標變換為：

$$\begin{cases} x = x' + s \\ y = y' + s \end{cases} \tag{2}$$

此時，Γ_1 對於新坐標系 $x'y'$ 的方程式為：

$$y' + s = \dfrac{\alpha(x' + s) + \beta}{\gamma(x' + s) + \delta}$$

化簡後，其型為：

$$y' = \dfrac{Ax'}{Bx' + C}$$

而其相應的遞迴數列則為 $c_{n+1} = \dfrac{A \cdot c_n}{B \cdot c_n + C}$。另外，由(2)，我們知道 c_n

與 a_n 有如下的關係：

$$a_n = c_n + s$$

因此，如果能夠知曉 c_n 的一般表式，那麼要得到 a_n 的一般表式就不成問題了。

對於數列 $a_{n+1} = \dfrac{\alpha a_n}{\gamma a_n + \delta}$ $(\gamma \neq 0,\ \alpha \neq \delta)$，稍加變形：

$$\frac{1}{a_{n+1}} = \frac{\gamma a_n + \delta}{\alpha a_n}$$

$\Rightarrow$
$$\frac{1}{a_{n+1}} = \frac{\delta}{\alpha} \cdot \frac{1}{a_n} + \frac{\gamma}{\alpha}$$

取
$$d_n = \frac{1}{a_n}$$

$\therefore$
$$d_{n+1} = \frac{\delta}{\alpha} \cdot d_n + \frac{\gamma}{\alpha}$$

像 $\langle d_n \rangle$ 這樣的數列，從前面的敘述，我們已經知道如何找它的一般表式，又由於 $a_n = \dfrac{1}{d_n}$，因此找 a_n 的一般表式也就不成問題了。

　　底下用一個例子說明如何找出型如 $a_{n+1} = \dfrac{\alpha a_n + \beta}{\gamma a_n + \delta}$ $(\alpha \neq \delta,\ \beta \neq 0,$ $\gamma \neq 0)$ 的數列的一般表式。

例題

若數列 $\langle a_n \rangle$ 滿足 $\begin{cases} a_1 = 3 \\ a_{n+1} = \dfrac{-a_n + 8}{5 - a_n} \end{cases}$ ，求 a_n 的一般表式。

解答

1° 數列 $a_{n+1} = \dfrac{-a_n + 8}{5 - a_n}$ 所相應的曲線是 $y = \dfrac{-x + 8}{5 - x}$

2° 取曲線 $y = \dfrac{-x + 8}{5 - x}$ 與直線 $y = x$ 的一個交點 $Q(2, 2)$

3° 以 Q 為新原點，將坐標平移：

$$\begin{cases} x = x' + 2 \\ y = y' + 2 \end{cases}$$

則曲線 $y = \dfrac{-x + 8}{5 - x}$ 對新坐標系 $x'y'$ 的方程式為：

$$y' + 2 = \frac{-(x' + 2) + 8}{5 - (x' + 2)}$$

即 $$y' = \frac{x'}{3 - x'}$$

其相應的遞迴數列則為 $b_{n+1} = \dfrac{b_n}{3 - b_n}$；而 b_n 與 a_n 有關係：

$$a_n = b_n + 2$$

4° 取 $c_n = \dfrac{1}{b_n}$ 而有 $c_{n+1} = 3c_n - 1$

5° 數列 $c_{n+1} = 3c_n - 1$ 相應之曲線為 $y = 3x - 1$

6°　取曲線 $y = 3x - 1$ 與直線 $y = x$ 的交點 $P(\frac{1}{2}, \frac{1}{2})$

　　以 P 為新原點，將坐標平移：

$$\begin{cases} x = x' + \dfrac{1}{2} \\ y = y' + \dfrac{1}{2} \end{cases}$$

　　則曲線 $y = 3x - 1$ 對新坐標系 $x'y'$ 的方程式為：

$$y' = 3x'$$

　　其相應之遞迴數列為 $d_{n+1} = 3d_n$；而 d_n 與 c_n 有關係：

$$c_n = d_n + \frac{1}{2}$$

7°　d_n 的一般表式是 $d_n = d_1 \cdot 3^{n-1}$

　　∴ $\qquad\qquad c_n = (c_1 - \dfrac{1}{2}) \cdot 3^{n-1} + \dfrac{1}{2}$

　　⇒ $\qquad\qquad b_n = \dfrac{1}{(c_1 - \dfrac{1}{2})3^{n-1} + \dfrac{1}{2}}$

　　⇒ $\qquad\qquad a_n = \dfrac{1}{(c_1 - \dfrac{1}{2})3^{n-1} + \dfrac{1}{2}} + 2 \quad (c_1 = \dfrac{1}{b_1} = \dfrac{1}{a_1 - 2} = 1)$

　　⇒ $\qquad\qquad a_n = \dfrac{2 \cdot 3^{n-1} + 4}{3^{n-1} + 1}$　　　□

大海的訊息

心是一座橋
橋下溪水
去了又回
過了橋
回首來時路
無水也無橋

第 18 章

發現一個不等式 $(1 + \dfrac{k}{k+1}\alpha)^{k+1} > (1+\alpha)^k$

六十三年聯考出現了一道這樣的問題：

利用不等式 $2(\sqrt{n+1} - \sqrt{n}) < \dfrac{1}{\sqrt{n}} < 2(\sqrt{n} - \sqrt{n-1})$

估計 $1 + \dfrac{1}{\sqrt{2}} + \dfrac{1}{\sqrt{3}} + \cdots + \dfrac{1}{\sqrt{10000}}$ 的值。

有些人不免疑惑：這個不等式是怎麼來的？

底下試著分析：

$$2(\sqrt{n+1} - \sqrt{n}) < \dfrac{1}{\sqrt{n}} < 2(\sqrt{n} - \sqrt{n-1})$$

$\Leftrightarrow$
$$\dfrac{1}{2} \cdot \dfrac{1}{\sqrt{n} - \sqrt{n-1}} < \sqrt{n} < \dfrac{1}{2} \cdot \dfrac{1}{\sqrt{n+1} - \sqrt{n}}$$

$\Leftrightarrow$
$$\dfrac{\sqrt{n} + \sqrt{n-1}}{2} < \sqrt{n} < \dfrac{\sqrt{n+1} + \sqrt{n}}{2}$$

考慮函數 $y = \sqrt{x}$ 的圖形：

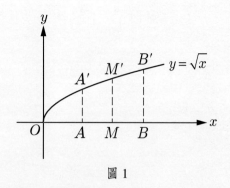

圖 1

在 x 軸上取點 A, M, B，其坐標分別是 $n-1, n, n+1$，並令其在函數 $y = \sqrt{x}$ 的像點分別是 A', M', B'，則有

$$\overline{AA'}=\sqrt{n-1},\ \overline{MM'}=\sqrt{n},\ \overline{BB'}=\sqrt{n+1},$$

及梯形 $AMM'A'$, $MBB'M'$ 的中線，分別是

$$\frac{\sqrt{n}+\sqrt{n-1}}{2}\ 與\ \frac{\sqrt{n+1}+\sqrt{n}}{2}$$

由 $y=\sqrt{x}$ 遞增，知

$$\frac{\sqrt{n}+\sqrt{n-1}}{2}<\overline{MM'}=(\sqrt{n})<\frac{\sqrt{n+1}+\sqrt{n}}{2}$$

在一本有關國際數學競試集 ❶ 上，看到這樣的問題：

$$求\ \frac{1}{\sqrt[3]{4}}+\frac{1}{\sqrt[3]{5}}+\cdots+\frac{1}{\sqrt[3]{1000000}}\ 的和$$

解答裡，它利用底下的不等式：

$$\frac{3}{2}[\sqrt[3]{(n+1)^2}-\sqrt[3]{n^2}]<\frac{1}{\sqrt[3]{n}}<\frac{3}{2}[\sqrt[3]{n^2}-\sqrt[3]{(n-1)^2}]$$

仔細觀察，便可發現這個不等式與前述的不等式在型式上有某種相似
處，因而聯想歸納：

$$\frac{k+1}{k}[\sqrt[k+1]{(n+1)^k}-\sqrt[k+1]{n^k}]<\frac{1}{\sqrt[k+1]{n}}<\frac{k+1}{k}[\sqrt[k+1]{n^k}-\sqrt[k+1]{(n-1)^k}]$$

並臆測對一般的正整數 k，它均成立。

以上的敘述是要顯示另一件事情：觀察、聯想歸納、臆測是數學的一
種方法。

❶ 數學趣味問題競試集，徐氏基金會出版，吳英格譯。

把上面臆測的不等式作如下的分析：

$$\frac{k+1}{k}[\sqrt[k+1]{(n+1)^k} - \sqrt[k+1]{n^k}] < \frac{1}{\sqrt[k+1]{n}}$$

$$< \frac{k+1}{k}[\sqrt[k+1]{n^k} - \sqrt[k+1]{(n-1)^k}]$$

$$\Leftrightarrow \quad \sqrt[k+1]{(n+1)^k} - \sqrt[k+1]{n^k} < \frac{k}{k+1} \cdot \frac{1}{\sqrt[k+1]{n}} < \sqrt[k+1]{n^k} - \sqrt[k+1]{(n-1)^k}$$

$$\Leftrightarrow \quad \sqrt[k+1]{n^k} + \frac{k}{k+1} \cdot \frac{1}{\sqrt[k+1]{n}} > \sqrt[k+1]{(n+1)^k}$$

且 $\quad \sqrt[k+1]{n^k} - \frac{k}{k+1} \cdot \frac{1}{\sqrt[k+1]{n}} > \sqrt[k+1]{(n-1)^k}$ （兩邊除以 $\sqrt[k+1]{n^k}$）

$$\Leftrightarrow \quad 1 + \frac{k}{k+1} \cdot \frac{1}{n} > (1 + \frac{1}{n})^{\frac{k}{k+1}} \text{ 且 } 1 - \frac{k}{k+1} \cdot \frac{1}{n} > (1 - \frac{1}{n})^{\frac{k}{k+1}}$$

$$\Leftrightarrow \quad (1 + \frac{k}{k+1} \cdot \frac{1}{n})^{k+1} > (1 + \frac{1}{n})^k \text{ 且 } (1 - \frac{k}{k+1} \cdot \frac{1}{n})^{k+1} > (1 - \frac{1}{n})^k$$

因此，如果證明了 $\begin{cases} (1 + \dfrac{k}{k+1} \cdot \dfrac{1}{n})^{k+1} > (1 + \dfrac{1}{n})^k \\ (1 - \dfrac{k}{k+1} \cdot \dfrac{1}{n})^{k+1} > (1 - \dfrac{1}{n})^k \end{cases}$

便就證明了原先的臆測是正確的。

　　這裡，我們要證明的是更一般的情形：

$$(1 + \frac{k}{k+1} \cdot \alpha)^{k+1} > (1 + \alpha)^k, \text{ 其中 } \alpha \neq 0, \ 1 + \alpha > 0, \ k \in \mathbb{N}$$

證明中，我們仍賴形數之間的關係來處理：

考慮函數 $f_n(x) = x^n, \ n \in \mathbb{N}$

分別取 $n = k$ 及 $n = k+1$，得函數 $f_k(x) = x^k$ 及 $f_{k+1}(x) = x^{k+1}$ 在第一象限的圖形如下：

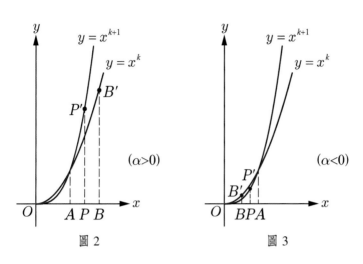

圖 2　　　　　圖 3

在 x 軸取兩點 A、B，其坐標分別為 1 及 $1+\alpha$（如果 $\alpha>0$，見圖 2；如果 $\alpha<0$，見圖 3），又考慮線段 AB 上的分點 P，$\overline{PA}:\overline{PB}=k:1$ 及 P 在函數 $y=x^{k+1}$ 的像點 P'，則 P 的坐標為 $\dfrac{k(1+\alpha)+1}{k+1}=1+\dfrac{k}{k+1}\alpha$ 而得 $\overline{PP'}=(1+\dfrac{k}{k+1}\alpha)^{k+1}$ 及 $\overline{BB'}=(1+\alpha)^k$

我們將先證明：對任意正整數 k，恆有 $\overline{PP'}\lneqq\overline{BB'}$

證明 ▶

$$\overline{PP'}\leq\overline{BB'}$$

$\Leftrightarrow$ $\quad(1+\dfrac{k}{k+1}\alpha)^{k+1}\leq(1+\alpha)^k$ $\qquad(1+\alpha>0)$

$\Leftrightarrow$ $\quad(\dfrac{k\beta+1}{k+1})^{k+1}\leq\beta^k$ $\qquad(\text{取}\ 1+\alpha=\beta)$

$\Leftrightarrow$ $\quad\dfrac{k\beta+1}{k+1}\leq\beta^{\frac{k}{k+1}}$

$\Leftrightarrow$ $\quad h\beta+1-h\leq\beta^h$ $\qquad(\text{取}\ \dfrac{k}{k+1}=h,\ \text{則}\ 0<h<1)$

由上面的分析，知 h 是不等式：

$$x(\beta-1)+1 \le \beta^x \text{ 的一個正數解}$$

但是相關曲線 $y=x(\beta-1)+1$ 與 $y=\beta^x$ 僅有兩個交點 $(0, 1)$ 及 $(1, \beta)$
因而 $x(\beta-1)+1 \le \beta^x$ 的正數解是 $x>1$（見圖 4 及圖 5）

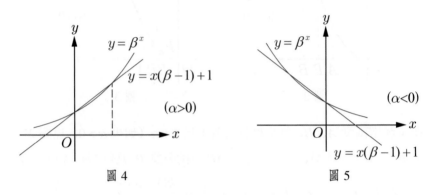

圖 4　　　　　　　　　　　　　　　　　圖 5

由於　　　　　　　　　$0<h<1$，便因此產生了矛盾

故有　　　　　　　　　$\overline{PP'}>\overline{BB'}$

即　　　　　　　　　$(1+\dfrac{k}{k+1}\alpha)^{k+1}>(1+\alpha)^k$　　　　　　□

　　在面對 $(1+\dfrac{k}{k+1}\alpha)^{k+1}>(1+\alpha)^k$ 的證明這件事時，起初一直想用
代數的方法來處理，先考慮到如果是 $\alpha>0$ 的話，那麼利用二項式定
理將不等式兩邊分別展開比較應該可以證得，事實是如此；但是當
$\alpha<0$ 時，證明上卻遭遇了困難，無法突破。之後，才有前面利用形數
關係的證明的產生。在此，不妨也把剛剛所提的代數的方法的證明一
併寫出，比較之後，也足以顯示形數關係的運用的威力。

展開

$$(1 + \frac{k}{k+1}\alpha)^{k+1} = 1 + C_1^{k+1}\frac{k}{k+1}\alpha + C_2^{k+1}(\frac{k}{k+1})^2\alpha^2$$

$$+ \cdots + C_{k+1}^{k+1}(\frac{k}{k+1})^{k+1}\alpha^{k+1}$$

$$(1+\alpha)^k = 1 + C_1^k\alpha + C_2^k\alpha^2 + \cdots + C_k^k \cdot \alpha^k, \ \text{其中 } \alpha > 0$$

由底下的分析：$C_r^{k+1}(\frac{k}{k+1})^r \geq C_r^k$

$$\Leftrightarrow \frac{(k+1)!}{r!(k+1-r)!} \cdot \frac{k^r}{(k+1)^r} \geq \frac{k!}{r!(k-r)!}$$

$$\Leftrightarrow k^r \geq (k+1)^r - r(k+1)^{r-1}$$

$$\Leftrightarrow (rC_1^{r-1} - C_2^r)k^{r-2} + (rC_2^{r-1} - C_3^r)k^{r-3}$$

$$+ \cdots + (rC_{r-1}^{r-1} - C_r^r) \geq 0$$

及

$$rC_m^{r-1} - C_{m+1}^r \geq 0$$

$$\Leftrightarrow r \cdot \frac{(r-1)!}{m!(r-1-m)!} \geq \frac{r!}{(m+1)!(r-m-1)!}$$

$$\Leftrightarrow m! \leq (m+1)!$$

知 $(1 + \frac{k}{k+1}\alpha)^{k+1} > (1+\alpha)^k, \ \text{其中 } \alpha > 0$

大海的訊息

我所佔有的
它同時也佔有了我
佔有使我不自由
因此
我願一無所有

第 19 章

遞迴數列 $a_{n+k} = p_1 a_{n+k-1} + p_2 a_{n+k-2} + \cdots$

　　著名的費布納西 (Fibonacci) 數列 $a_{n+2}=a_{n+1}+a_n$, $a_0=a_1=1$, 它的表示有一個顯式: $a_n=\dfrac{5+\sqrt{5}}{10}(\dfrac{1+\sqrt{5}}{2})^n+\dfrac{5-\sqrt{5}}{10}(\dfrac{1-\sqrt{5}}{2})^n$。我們有個疑惑, 這個顯式是怎麼知道的?

　　我們不僅要回答這個問題, 且要將它拓展, 甚至開疆闢土, 使它一般化及深化。我們兵分三路, 沿三個不同方向, 由 $a_{n+1}=r\cdot a_n$ 出發, 分別探索、拓展, 最後再作匯整合流, 我們將見到一條大溪流。而我們的目標就是要找出 a_n 的顯式。出發之前, 必須提醒, 我們將使用到三個預備知識:

(1)若數列 $a_{n+1}=a_n+d$, 則 a_n 的顯式是一個 n 的一次式。

(2)若數列 $a_{n+1}=r\cdot a_n$, $r\neq 1$, 則 a_n 的顯式可為 $A\cdot r^n$, 其中 A 為常數。

(3)若數列 $a_{n+1}=a_n+f_k(n)$, $f_k(n)$ 是 n 的 k 次多項式, 則 a_n 的顯式是一個 n 的 $k+1$ 次多項式。

性質一

(i) $a_{n+1}=r\cdot a_n$, $r\neq 1$, 則 a_n 的顯式是 $a_n=\alpha\cdot r^n$。

(ii) $a_{n+1}=r\cdot a_n+A$, A 為常數, 則 a_n 的顯式是 $a_n=\alpha\cdot r^n+\beta$。

(iii) $a_{n+1}=r\cdot a_n+A\cdot n+B$, 則 a_n 的顯式是 $a_n=\alpha\cdot r^n+F_1(n)$, 其中 $F_1(n)$ 是 n 的一次式。

證明

(ii):

由
$$a_{n+1}=r\cdot a_n+A$$

$\Rightarrow$
$$a_{n+1}-\beta=r\cdot(a_n-\beta), \text{ 其中 } \beta=\frac{A}{1-r}$$

$\therefore a_n - \beta$ 是一個以 r 為公比的等比數列，可寫為：

$$a_n - \beta = \alpha \cdot r^n$$

故
$$a_n = \alpha \cdot r^n + \beta$$

(iii)：

由
$$a_{n+1} = r \cdot a_n + A \cdot n + B$$

$\therefore$
$$a_n = r \cdot a_{n-1} + A \cdot (n-1) + B$$

兩式相減得

$$(a_{n+1} - a_n) = r(a_n - a_{n-1}) + A$$

由上述(ii)知 $a_{n+1} - a_n$ 可表為：

$$a_{n+1} - a_n = a \cdot r^n + b$$

$\therefore$
$$a_1 - a_0 = a + b$$
$$a_2 - a_1 = a \cdot r + b$$
$$\vdots$$
$$a_n - a_{n-1} = a \cdot r^{n-1} + b$$

以上諸式相加得

$$a_n - a_0 = a(1 + r + \cdots + r^{n-1}) + nb$$

$\therefore$
$$a_n = a_0 + a \cdot \frac{r^n - 1}{r - 1} + nb$$

故
$$a_n = \alpha \cdot r^n + F_1(n) \qquad \square$$

　　我們可以將以上的結果推廣，用數學歸納法證明而得：

若 $a_{n+1} = r \cdot a_n + f_k(n)$，$f_k(n)$ 是一個 n 的 k 次多項式，則 a_n 的顯式是：

$a_n = \alpha \cdot r^n + F_k(n)$，$F_k(n)$ 是一個 n 的 k 次多項式。

性質二

(i) $a_{n+1} = r \cdot a_n$, $r \neq 1$，則 a_n 的顯式是 $a_n = \alpha \cdot r^n$。

(ii) $a_{n+1} = r \cdot a_n + p_1 \cdot r_1^n$, $r_1 \neq r$，則 a_n 的顯式是 $a_n = \alpha \cdot r^n + \alpha_1 \cdot r_1^n$。

(iii) $a_{n+1} = r \cdot a_n + p_1 \cdot r_1^n + p_2 \cdot r_2^n$, r_1, $r_2 \neq r$，則 a_n 的顯式是

$$a_n = \alpha \cdot r^n + \alpha_1 \cdot r_1^n + \alpha_2 \cdot r_2^n。$$

證明

(ii)：

由
$$a_{n+1} = r \cdot a_n + p_1 \cdot r_1^n \tag{1}$$

$\therefore$
$$a_n = r \cdot a_{n-1} + p_1 \cdot r_1^{n-1}$$

上式兩邊乘以 r_1

得
$$r_1 \cdot a_n = rr_1 \cdot a_{n-1} + p_1 \cdot r_1^n \tag{2}$$

$(1) - (2)$

得
$$(a_{n+1} - r_1 \cdot a_n) = r(a_n - r_1 \cdot a_{n-1})$$

所以 $a_{n+1} - r_1 \cdot a_n$ 是一個以 r 為公比的等比數列

即
$$a_{n+1} - r_1 \cdot a_n = a \cdot r^n$$

$$a_{n+1} = r_1 \cdot a_n + a \cdot r^n \tag{3}$$

又
$$a_{n+1} = r \cdot a_n + p_1 \cdot r_1^n \tag{4}$$

$(3) \times r - (4) \times r_1$

得
$$(r - r_1)a_{n+1} = a \cdot r^{n+1} - p_1 \cdot r_1^{n+1}$$

故
$$a_n = \alpha \cdot r^n + \alpha_1 \cdot r_1^n$$

(iii)：

由
$$a_{n+1} = r \cdot a_n + p_1 \cdot r_1^n + p_2 \cdot r_2^n \tag{5}$$

$\therefore$
$$a_n = r \cdot a_{n-1} + p_1 \cdot r_1^{n-1} + p_2 \cdot r_2^{n-1} \tag{6}$$

$(5) - (6) \times r_1$

得　　　　　　　$(a_{n+1} - r_1 \cdot a_n) = r(a_n - r_1 \cdot a_{n-1}) + p_2 \cdot r_2^{n-1}(r_2 - r_1)$

取　　　　　　　$b_{n+1} = a_{n+1} - r_1 \cdot a_n$

∴　　　　　　　$b_{n+1} = r \cdot b_n + p \cdot r_2^n$

由上述(ii)知 b_n 可表為：

$$b_n = a \cdot r^n + b \cdot r_2^n$$

即有　　　　　　$a_n = r_1 \cdot a_{n-1} + a \cdot r^n + b \cdot r_2^n$ 　　　　(7)

但已知　　　　　$a_n = r \cdot a_{n-1} + p_1 \cdot r_1^{n-1} + p_2 \cdot r_2^{n-1}$ 　　(8)

$(7) \times r - (8) \times r_1$

得　　　　　$(r - r_1)a_n = A \cdot r^n + B \cdot r_1^n + C \cdot r_2^n$

故　　　　　　$a_n = \alpha \cdot r^n + \alpha_1 \cdot r_1^n + \alpha_2 \cdot r_2^n$ 　　　　□

　　我們可以將以上的結果推廣，用數學歸納法證明而得：

若 $a_{n+1} = r \cdot a_n + \sum\limits_{i=1}^{k} p_i \cdot r_i^n$，$r_i \neq r$，則 a_n 的顯式是：

$$a_n = \alpha \cdot r^n + \sum_{i=1}^{k} \alpha_i \cdot r_i^n$$

性質三

(i) $a_{n+1} = p_1 \cdot a_n$，$p_1 \neq 1$，則 a_n 的顯式是 $a_n = \alpha \cdot p_1^n$。

(ii) $a_{n+2} = p_1 \cdot a_{n+1} + p_2 \cdot a_n$，則 a_n 可表為 $a_n = \alpha_1 \cdot r_1^n + \alpha_2 \cdot r_2^n$，其中 r_1, r_2 是方程式 $x^2 = p_1 x + p_2$ 的兩個相異根。

證明

(ii)：

　　考慮 $x^2 = p_1 x + p_2$ 的兩根 r_1, r_2，$r_1 \neq r_2$

由　　　　　　　$r_1 + r_2 = p_1$，$r_1 r_2 = -p_2$

所以 $a_{n+2} = p_1 \cdot a_{n+1} + p_2 \cdot a_n$ 可改寫為：

$$a_{n+2} - (r_1 + r_2)a_{n+1} + r_1r_2 \cdot a_n = 0$$

$$(a_{n+2} - r_1 \cdot a_{n+1}) = r_2(a_{n+1} - r_1 \cdot a_n)$$

即 $a_{n+1} - r_1 \cdot a_n$ 是一個以 r_2 為公比的等比數列

因此有
$$a_{n+1} - r_1 a_n = A \cdot r_2^n$$

由性質二(ii)

得
$$a_n = \alpha_1 \cdot r_1^n + \alpha_2 \cdot r_2^n \qquad \square$$

到此，我們已回答了費布納西數列的顯式的由來，並且也有了更進一步的發展。

性質四

$a_{n+3} = p_1 \cdot a_{n+2} + p_2 \cdot a_{n+1} + p_3 \cdot a_n$，則 a_n 的顯式為：$a_n = \alpha_1 \cdot r_1^n + \alpha_2 \cdot r_2^n + \alpha_3 \cdot r_3^n$，其中 r_1, r_2, r_3 為方程式 $x^3 = p_1 x^2 + p_2 x + p_3$ 的三個相異根。

證明

考慮　　　　$x^3 = p_1 x^2 + p_2 x + p_3$ 的三個相異根 r_1, r_2, r_3

由
$$r_1 + r_2 + r_3 = p_1$$

$$r_1 r_2 + r_2 r_3 + r_3 r_1 = -p_2$$

$$r_1 r_2 r_3 = p_3$$

因此數列 $a_{n+3} = p_1 a_{n+2} + p_2 a_{n+1} + p_3 a_n$ 可以改寫為：

$$a_{n+3} - (r_1 + r_2 + r_3)a_{n+2} + (r_1 r_2 + r_2 r_3 + r_3 r_1)a_{n+1} - r_1 r_2 r_3 \cdot a_n = 0$$

$$[a_{n+3} - (r_2 + r_3)a_{n+2} + r_2 r_3 \cdot a_{n+1}] = r_1[a_{n+2} - (r_2 + r_3)a_{n+1} + r_2 r_3 \cdot a_n]$$

即 $a_{n+2} - (r_2 + r_3)a_{n+1} + r_2 r_3 \cdot a_n$ 是一個以 r_1 為公比的等比數列，因此可寫為

$$a_{n+2} - (r_2 + r_3)a_{n+1} + r_2 r_3 \cdot a_n = a \cdot r_1^{n-1} \qquad (7)$$

同理有
$$a_{n+2} - (r_1 + r_3)a_{n+1} + r_1 r_3 \cdot a_n = b \cdot r_2^{n-1} \qquad (8)$$

$(e_1) \times r_1 - (e_2) \times r_2$

得
$$(r_1 - r_2)(a_{n+2} - r_3 \cdot a_{n+1}) = a \cdot r_1^n - b \cdot r_2^n$$

即
$$a_{n+2} = r_3 \cdot a_{n+1} + A \cdot r_1^n + B \cdot r_2^n$$

由性質二(iii)

得
$$a_n = \alpha_1 \cdot r_1^n + \alpha_2 \cdot r_2^n + \alpha_3 \cdot r_3^n \qquad \square$$

　　我們可以將以上的結果推廣，用數學歸納法證明而得：

若 $a_{n+k} = \sum_{i=1}^{k} p_i \cdot a_{n+k-i}$，則 a_n 的顯式是：

$a_n = \sum_{i=1}^{k} \alpha_i \cdot r_i^n$，其中 r_1, r_2, $\cdots$, r_k 為方程式 $x^k = p_1 x^{k-1} + p_2 x^{k-2} + \cdots + p_k$ 的 k 個相異根。

性質五

(i) $a_{n+1} = p_1 \cdot a_n$, $p_1 \neq 1$, 則 a_n 的顯式是 $a_n = \alpha \cdot p_1^n$

(ii) $a_{n+2} = p_1 \cdot a_{n+1} + p_2 \cdot a_n$, 則 a_n 的顯式是 $a_n = (A \cdot n + B) \cdot r^n$, r 是方程式 $x^2 = p_1 x + p_2$ 的二重根。

(iii) $a_{n+3} = p_1 \cdot a_{n+2} + p_2 \cdot a_{n+1} + p_3 \cdot a_n$, 則 a_n 的顯式是 $a_n = f_2(n) \cdot r^n$, 其中 r 是方程式 $x^3 = p_1 x^2 + p_2 x + p_3$ 的三重根，而 $f_2(n)$ 是一個 n 的二次多項式。

證明

(ii)：

r 是 $x^2 = p_1 x + p_2$ 的二重根

$\therefore$
$$p_1 = 2r, \ p_2 = -r^2$$

因此 $a_{n+2} = p_1 \cdot a_{n+1} + p_2 \cdot a_n$ 可以改寫為：

$$a_{n+2} - 2r \cdot a_{n+1} + r^2 \cdot a_n = 0$$

即
$$(a_{n+2} - r \cdot a_{n+1}) = r(a_{n+1} - r \cdot a_n)$$

所以 $a_{n+1} - r \cdot a_n$ 是一個以 r 為公比的等比數列

即 $\qquad\qquad a_{n+1} - r \cdot a_n = a \cdot r^n$

$\Rightarrow \qquad\qquad \dfrac{a_{n+1}}{r^n} - \dfrac{a_n}{r^{n-1}} = a$

取 $\qquad\qquad b_n = \dfrac{a_n}{r^{n-1}}$

而有 $\qquad\qquad b_{n+1} - b_n = a$

所以 b_n 是一個 n 的一次式

故 $\qquad\qquad a_n = (A \cdot n + B) \cdot r^n$

(iii)：

r 是 $x^3 = p_1 x^2 + p_2 x + p_3$ 的三重根

$\therefore \qquad\qquad p_1 = 3r,\ p_2 = -3r^2,\ p_3 = r^3$

因此 $a_{n+3} = p_1 \cdot a_{n+2} + p_2 \cdot a_{n+1} + p_3 \cdot a_n$ 可改寫為：

$$a_{n+3} - 3r \cdot a_{n+2} + 3r^2 \cdot a_{n+1} - r^3 \cdot a_n = 0$$

即 $\qquad (a_{n+3} - 2r \cdot a_{n+2} + r^2 \cdot a_{n+1}) = r(a_{n+2} - 2r \cdot a_{n+1} + r^2 \cdot a_n)$

所以 $a_{n+2} - 2r \cdot a_{n+1} + r^2 \cdot a_n$ 是一個以 r 為公比的等比數列

即 $\qquad\qquad a_{n+2} - 2r \cdot a_{n+1} + r^2 \cdot a_n = A \cdot r^n$

由性質六(iii)（注意 r 是 $x^2 - 2rx + r^2 = 0$ 的二重根）

可得 $a_n = f_2(n) \cdot r^n$，其中 $f_2(n)$ 是一個 n 的二次式 $\qquad\qquad$ □

　　我們可以將以上的結果推廣，用數學歸納法證明而得：

若 $a_{n+k} = \displaystyle\sum_{i=1}^{k} p_i \cdot a_{n+k-i}$，則 a_n 的顯式是：$a_n = f_{k-1}(n) \cdot r^n$，其中 $f_{k-1}(n)$ 是一個 n 的 $k-1$ 次多項式；而 r 是方程式 $x^k = p_1 x^{k-1} + p_2 x^{k-2} + \cdots + p_k$ 的 k 重根。

性質六

(i) $a_{n+1} = p_1 \cdot a_n$, $p_1 \neq 1$，則 a_n 的顯式是 $a_n = \alpha \cdot p_1^n$。

(ii) $a_{n+1} = p_1 \cdot a_n + \alpha \cdot r^n$，且 $p_1 = r$，則 a_n 的顯式是 $a_n = (A \cdot n + B) \cdot r^n$。

(iii) $a_{n+2} = p_1 \cdot a_{n+1} + p_2 \cdot a_n + \alpha \cdot r^n$，且 r 是方程式 $x^2 = p_1 x + p_2$ 的二重根，則 a_n 的顯式是 $a_n = f_2(n) \cdot r^n$，其中 $f_2(n)$ 是一個 n 的二次式。

證明

(ii)：

由
$$a_{n+1} = p_1 \cdot a_n + \alpha \cdot r^n, \quad \text{且 } p_1 = r$$

$\therefore$
$$a_{n+1} = r \cdot a_n + \alpha \cdot r^n \tag{9}$$

而
$$a_n = r \cdot a_{n-1} + \alpha \cdot r^{n-1} \tag{10}$$

$(9) - (10) \times r$

得
$$(a_{n+1} - r \cdot a_n) = r(a_n - r \cdot a_{n-1})$$

所以 $a_{n+1} - r \cdot a_n$ 是一個以 r 為公比的等比數列

即
$$a_{n+1} - r \cdot a_n = a \cdot r^n$$

$\Rightarrow$
$$\frac{a_{n+1}}{r^n} - \frac{a_n}{r^{n-1}} = a$$

所以 $\dfrac{a_n}{r^{n-1}}$ 是一個公差為 a 的等差數列，因此可表為 n 的一次式

故
$$a_n = (A \cdot n + B) \cdot r^n$$

(iii)：

由 r 是 $x^2 = p_1 x + p_2$ 的二重根

$\therefore$
$$p_1 = 2r, \ p_2 = -r^2$$

因此 $a_{n+2} = p_1 \cdot a_{n+1} + p_2 \cdot a_n + \alpha \cdot r^n$ 可以改寫為：
$$(a_{n+2} - r \cdot a_{n+1}) = r(a_{n+1} - r \cdot a_n) + \alpha \cdot r^n$$

取
$$b_n = a_{n+1} - r \cdot a_n$$

有
$$b_{n+1} = r \cdot b_n + \alpha \cdot r^n$$

由上述(ii)知 b_n 可表為：

$$b_n = (A \cdot n + B) \cdot r^n$$

$$\therefore \qquad a_{n+1} - r \cdot a_n = (A \cdot n + B) \cdot r^n \Rightarrow \frac{a_{n+1}}{r^n} - \frac{a_n}{r^{n-1}} = A \cdot n + B$$

由預備知識(3)知

$$\frac{a_n}{r^{n-1}} \text{ 是一個 } n \text{ 的二次式}$$

故 $\qquad\qquad a_n = f_2(n) \cdot r^n$ □

我們可以將以上的結果推廣，用數學歸納法證明而得：

若 $a_{n+k} = \sum_{i=1}^{k} p_i \cdot a_{n+k-i} + \alpha \cdot r^n$，且 r 是方程式 $x^k = p_1 x^{k-1} + p_2 x^{k-2} + \cdots + p_k$ 的 k 重根，則 a_n 的顯式是 $a_n = f_k(n) \cdot r^n$，其中 $f_k(n)$ 是一個 n 的 k 次多項式。

底下，我們用幾個例子來說明如何將上面的多條路徑作匯整的統合。

例題 1 ◉

已知數列 $\begin{cases} a_1 = 3 \\ a_{n+1} = \dfrac{a_n - 8}{a_n - 5} \end{cases}$，求 a_n 的顯式。

解答 ▷

把 $a_{n+1} = \dfrac{a_n - 8}{a_n - 5}$ 改寫為：$(a_{n+1} - 2) = \dfrac{(a_n - 2)}{3 - (a_n - 2)}$

取 $\qquad\qquad b_n = a_n - 2$

則 $\qquad\qquad b_{n+1} = \dfrac{b_n}{3 - b_n}$

（這個改寫是如何想到的？有沒有一般性的想法？有！當作習題！）

$$\therefore \qquad \frac{1}{b_{n+1}} = \frac{3}{b_n} - 1$$

取
$$c_n = \frac{1}{b_n}$$

則
$$c_{n+1} = 3c_n - 1$$

因此由性質一(ii)，c_n 可表為：$c_n = A \cdot 3^n + B$

但是
$$\begin{cases} c_1 = \dfrac{1}{b_1} = \dfrac{1}{a_1 - 2} = 1 \\ c_2 = \dfrac{1}{b_2} = \dfrac{1}{a_2 - 2} = 2 \end{cases}$$

得
$$A = \frac{1}{6},\ B = \frac{1}{2}$$

隨之
$$a_n = b_n + 2 = \frac{1}{c_n} + 2 = \frac{1}{\frac{1}{6} \cdot 3^n + \frac{1}{2}} + 2$$

即
$$a_n = \frac{2 \cdot 3^{n-1} + 4}{3^{n-1} + 1} \qquad\qquad \square$$

例題 2

找出費布納西數列的顯式。
$$\begin{cases} a_0 = a_1 = 1 \\ a_{n+2} = a_{n+1} + a_n \end{cases}$$

解答

由性質三(ii)，

知
$$a_n = A \cdot \left(\frac{1+\sqrt{5}}{2}\right)^n + B \cdot \left(\frac{1-\sqrt{5}}{2}\right)^n$$

其中 $\dfrac{1+\sqrt{5}}{2}$ 與 $\dfrac{1-\sqrt{5}}{2}$ 是方程式 $x^2 = x + 1$ 的兩根

由
$$a_0 = a_1 = 1$$

可得
$$A = \frac{5+\sqrt{5}}{10}, B = \frac{5-\sqrt{5}}{10}$$

故
$$a_n = \frac{5+\sqrt{5}}{10}(\frac{1+\sqrt{5}}{2})^n + \frac{5-\sqrt{5}}{10}(\frac{1-\sqrt{5}}{2})^n \qquad \square$$

例題 3 ◉

對任意正整數 n，證明 $\dfrac{5-\sqrt{5}}{4}(\dfrac{1+\sqrt{5}}{2})^n + \dfrac{5+\sqrt{5}}{4}(\dfrac{1-\sqrt{5}}{2})^n +$

$\dfrac{-39+7\sqrt{13}}{52}(\dfrac{1+\sqrt{13}}{2})^n + \dfrac{-39-7\sqrt{13}}{52}(\dfrac{1-\sqrt{13}}{2})^n$ 恆為整數。

證明 ▶

取 $\dfrac{1+\sqrt{5}}{2}, \dfrac{1-\sqrt{5}}{2}, \dfrac{1+\sqrt{13}}{2}, \dfrac{1-\sqrt{13}}{2}$ 為根，造一個四次方程式：

$$x^4 - 2x^3 - 3x^2 + 4x + 3 = 0$$

令 $a_n = \dfrac{5-\sqrt{5}}{4}(\dfrac{1+\sqrt{5}}{2})^n + \dfrac{5+\sqrt{5}}{4}(\dfrac{1-\sqrt{5}}{2})^n + \dfrac{-39+7\sqrt{13}}{52}(\dfrac{1+\sqrt{13}}{2})^n$

$\qquad + \dfrac{-39-7\sqrt{13}}{52}(\dfrac{1-\sqrt{13}}{2})^n$

則 a_n 會滿足
$$a_{n+4} = 2a_{n+3} + 3a_{n+2} - 4a_{n+1} - 3a_n$$

但是
$$a_0 = 1, \ a_1 = 1, \ a_2 = -1, \ a_3 = 2$$

因而可逐次求得 a_4, a_5, … 等等均為整數，理由是：整數的加減結果仍為整數 $\qquad \square$

例題 4 ◉

數列 $\begin{cases} a_0 = a_1 = 1 \\ a_{n+2} = 4a_{n+1} - 4a_n + 3^n \end{cases}$，求 a_n 的顯式。

解答 ▶

a_n 可表為　$\qquad$ $a_n = (A \cdot n + B) \cdot 2^n + C \cdot 3^n$

由　$\qquad$ $a_0 = a_1 = 1$，可推得 $a_2 = 1$

因此而得　$\qquad$ $A = -1,\ B = 0,\ C = 1$

故　$\qquad$ $a_n = -n \cdot 2^n + 3^n$ $\qquad$ □

例題 5 ●

數列 $\begin{cases} a_0 = a_1 = 1,\ a_2 = -1 \\ a_{n+3} = 7a_{n+2} - 16a_{n+1} + 12a_n + 3^n - 2^n \end{cases}$，求 a_n 的顯式。

解答 ▶

解方程式 $x^3 = 7x^2 - 16x + 12$，得三根為 2（重根）與 3

因此 a_n 的顯式為：$a_n = (A \cdot n^2 + B \cdot n + C) \cdot 2^n + (D \cdot n + E) \cdot 3^n$

由　$\qquad$ $a_0 = a_1 = 1,\ a_2 = -1$，可推得 $a_3 = -11,\ a_4 = -48$

隨之解得　$\qquad$ $A = \dfrac{1}{8},\ B = \dfrac{7}{8},\ C = 5,\ D = \dfrac{1}{3},\ E = -4$

故　$\qquad$ $a_n = (\dfrac{1}{8}n^2 + \dfrac{7}{8}n + 5) \cdot 2^n + (\dfrac{1}{3}n - 4) \cdot 3^n$ $\qquad$ □

例題 6 ●

數列 $\begin{cases} a_0 = a_1 = 1 \\ a_{n+2} = 4a_{n+1} - 4a_n - 2n + 1 - 2^n + 3^n \end{cases}$，求 a_n 的顯式。

解答 ▶

a_n 的顯式可為：$a_n = (A \cdot n^2 + B \cdot n + C) \cdot 2^n + (D \cdot n + E) + F \cdot 3^n$

求得　$\qquad$ $A = -\dfrac{1}{8},\ B = -\dfrac{11}{8},\ C = 3,\ D = -2,\ E = -3,\ F = 1$

故　$\qquad$ $a_n = (-\dfrac{1}{8}n^2 - \dfrac{11}{8}n + 3) \cdot 2^n - 2n - 3 + 3^n$ $\qquad$ □

大海的訊息

不是世界綑綁了我
倒是
我緊抓著世界不放

第 20 章

大廈的祕密（一個非歐空間的介紹）

源　起

年初，曾看一本科幻小說「大廈」，內容主要是描述詹君為了租房子與其朋友葉君往尋某一建築特別精美的二十層大廈，該大廈房間的佈局設計甚合詹君的意思，只是奇怪的，整棟大廈除了住有一位管理員之外，空無一人。徵得管理員同意，詹君便獨自搭上通往頂層的電梯。照常理計算，以一般電梯上升的速度到達第二十層頂樓最多應不超過 2 分鐘便可，但是詹君卻花了三十多分鐘。事後調查，並非這部電梯上升的速度較一般的慢，也不是詹君的手錶有問題。這種不可思議的現象經葉君鍥而不捨的追蹤調查與研究，終於真相大白。

原來該座電梯是一群科學家為從事某種試驗而設計的一部改變空間的機器。詹君在電梯未啟動前是立於 X 空間，一旦電梯上升，經由該電梯的空間變換作用，詹君於是立即轉進另一 Y 空間，立於原地的葉君這時因而與詹君分別存在於不同的二種空間。異於我們日常生存空間的空間內，它的許多現象不是用我們的一般見解可說明白的，這自然不在話下。我們所感興趣的毋寧是能否從數學的觀點來看這部科幻小說的內容的可能性。

另一種空間

數學家 Poincaré 提出一個這樣的幾何：在歐氏平面上，考慮一已予圓 C（其圓心記為 O，半徑令為 r）。

定 義

(1)點：C 內的點（如圖 1 中的 P）。

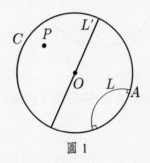

圖 1

(2)線：與 C 正交 ❶ 的圓（或直線），取其在 C 內的部分（如
　　圖 1 中的 L 與 L'）。

(3)面：C 的內部。

　　按照上面有關點、線、面的定義，我們可以證明圓 C 的內部決定
了一個非歐空間。不過，證明之前先復習有關圓的鏡射的一些事項是
有必要的。

　1.歐氏平面上，以 O 為圓心，r 為半徑的圓 C，其鏡射的意義是：
　　若 P 是平面上任予點 $(P \neq O)$，在射線 OP 上，存在唯一的點
　　P' 滿足 $\overline{OP} \cdot \overline{OP'} = r^2$，稱點 P' 是點 P 關於圓 C 的鏡像。（圖 2）

----

❶ 一圓 L 與圓 C 正交於點 A，乃指過 A 點所作 L 的切線與 C 的切線相互垂直；
　 一直線 L' 與圓 C 正交，乃指 L' 通過 C 的圓心 O 點。

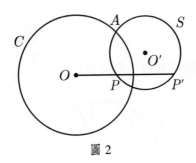

圖 2

2.承 1., 過點 P 與點 P' 的任一圓 S 必與 C 正交。

證明 ▶

取 A 是 S 與 C 的一個交點，O' 是 S 的圓心。(圖 2)

由點 P 與點 P' 的關係：

$$\overline{OP} \cdot \overline{OP'} = r^2 = \overline{OA}^2$$

$\Rightarrow$ 　　　　直線 OA 是點 O 對 S 的切線

$\Rightarrow$ 　　　　$OA \perp O'A$

$\Rightarrow$ 　　　　S 與 C 正交　　　　　　□

3.承 1., 通過 C 的中心 O 的直線 l, 其關於圓 C 的鏡像是 l 本身。
(圖 3)

此由圓的鏡射的意義即得。

現在回到 Poincaré 幾何空間是一個非歐空間的證明上。

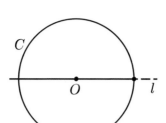

圖 3

　　首先，Poincaré 幾何是一個關聯幾何 (Incidence geometry)，理由是它符合下列的三個關聯公設：

　　　　A_1：一線為一點集，至少含有兩點。

　　　　A_2：相異兩點含於唯一的線內。

　　　　A_3：平面上，至少含有不在一線上的三點。（註）

　　其中 A_1, A_3 是明顯的真確，不再多言，要證明的是對 Poincaré 幾何言，A_2 也是真確的。

證明　▷

對於相異的兩點 P 與 Q，

(i)當 P, Q, O 同在圓 C 的一直徑上時，不含兩端點的這條直徑便是 Poincaré 幾何內包含 P 與 Q 的一線；假定另有一線包含 P 與 Q（顯然，這樣的一線不可能也是過 O 的另一直徑），則此線為某一與圓 C 正交的圓（令為圓 K）在 C 內的部分，取 P 關於圓 C 的鏡像 P'，則 P' 落在圓 K 上，也落在直線 OP 上，如此則 P, P', Q 不僅落在直線 OP 上，同時也落在圓 K 上，這是不可能的（見圖4）。

(ii)當 P, Q, O 不同在圓 C 的一直徑上時，因為通過 P, Q 兩點的所有圓形成一組圓心落在線段 PQ 的中垂線上（自由度為1）的圓系，取點 P 關於

圓 C 的鏡像 P'，則圓系中滿足與圓 C 正交的圓便是唯一存在（因為這樣的圓，其圓心 K 是線段 PQ 的中垂線與線段 PP' 的中垂線的唯一交點），因此圓 K 在 C 內的部分便是 Poincaré 幾何內包含 P, Q 兩點的唯一線（見圖 5）。

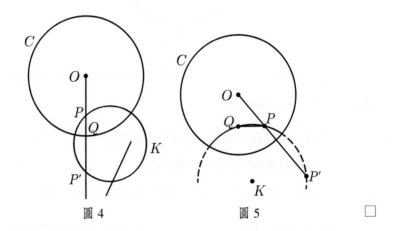

圖 4　　　　　　圖 5　　　□

其次，要證明 Poincaré 幾何是一個羅氏 (Lobachevsky) 幾何，因為它滿足下面的羅氏平行公設：

過已予線外一點 P，至少可作兩條此已予線的平行線。

證明 ▶

取所予點 P 關於圓 C 的鏡像 P'，知

$$過 P 與 P' 之任一圓必與 C 正交 \tag{1}$$

由於過 P 與 P' 的圓的自由度是 1，因此這些圓形成一組圓系，這組圓系的圓心軌跡是線段 PP' 的垂直平分線 M。

現在按下列二種情況分別討論。

(i)當所予線 L 為過 O 點的線時（圖 6），以 P 為焦點，L 為準線的拋物線為 Γ_0，則 Γ_0 與 M 恰有二交點 Q_1 與 Q_2。因此，線段 Q_1Q_2 內的任意點 Q 必落在 Γ_0 的內部。因而有

$$\overline{QP} < d(Q, L) = \text{點 } Q \text{ 到 } L \text{ 的距離} \tag{2}$$

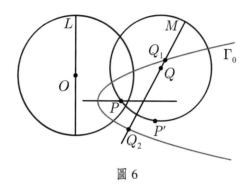

圖 6

因此，以這樣的 Q 點為圓心並且通過點 P 與 P' 的圓顯然有無限多個，且由(1)知它們與 C 正交，同時由(2)知它們與 L 不相交。也就是說，在 Poincaré 幾何空間內，過 P 點至少有二線不與 L 相交。

(ii)當所予線 L 不過 O 點時，由 Poincaré 幾何中線的定義，知 L 是含在一個與 C 正交的圓上，設該圓的圓心為 O'，半徑為 a。我們又分二種情況分別證明：

①點 P 與點 O 在線上的同側時（圖 7），以點 O' 及點 P 為焦點，a 為貫軸長的雙曲線令為 Γ_+，則 Γ_+ 與 M 恰有二交點 Q_1 與 Q_2。因此，落在直線 M 上而在線段 Q_1Q_2 外的任意點 Q 必在 Γ_+ 的外部，因而有

$$\left| \overline{QP} - \overline{QO'} \right| > a \tag{3}$$

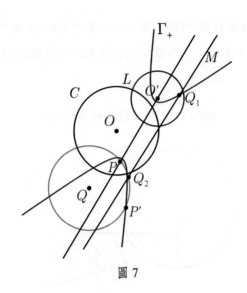

圖 7

　　因此，以這樣的 Q 點為圓心並且通過點 P 與點 P′ 的圓顯然有無限多
個，且由(1)知它們與 C 正交，同時由(3)知它們與 L 不相交。

②點 P 與點 O 在線 L 的異側時（圖 8），以點 O′ 及點 P 為焦點，a 為長
　軸長的橢圓令為 Γ_-，則 Γ_- 與 M 恰有二交點 Q_1 與 Q_2。因此，落在直
　線 M 上而在線段 Q_1Q_2 內的任意點 Q 必落在 Γ_- 的內部。因而有

$$\overline{QP} + \overline{QO'} < a \tag{4}$$

因此，以這樣的點 Q 為圓心並且通過點 P 與點 P′ 的圓顯然有無限多
個，且由(1)知它們與 C 正交，同時由(4)知它們與 L 不相交。

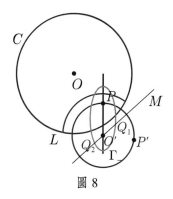

圖 8

綜合①及②知過 P 點至少有二條線不與 L 相交。

所以，Poincaré 空間是一個非歐空間。　　　　　□

「大廈」的祕密

回到「大廈」這件事來。

我們設想詹君、葉君以及大廈都是存在於 Poincaré 空間內，在此空間內，大廈的底層記為 A 點，頂層記為 B 點，並假定 AB 是落在過 O 點的一條線上（圖 9）；另外，又設想改變空間的這部電梯便是關於圓 C 的鏡射 f。通過 f，

令 $f : A \to A'$, $B \to B'$

知 O、B、A、A'、B' 共線

又由
$$\begin{cases} \overline{OA} \cdot \overline{OA'} = r^2 & (5) \\ \overline{OB} \cdot \overline{OB'} = r^2 & (6) \end{cases}$$

知
$$\overline{OA'} > r, \ \overline{OB'} > r$$

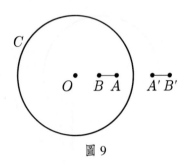

圖 9

　　所以，點 A'，點 B' 落在圓 C 外，因此 A'，B' 並不存在於 Poincaré 空間內，它們是落在歐氏空間內。

　　原本在 A 處的詹君，由於電梯的啟動，即刻被置換到另一空間內的 A' 處。因此，立於 Poincaré 空間內的葉君所見到大廈高度是 $\overline{AB}$，而經空間改變後的詹君，他所處身的大廈的高度卻是 $\overline{A'B'}$。

由　　　　　$(5) \times \overline{OB'} - (6) \times \overline{OA'}$

得　　　　　$(\overline{OA} - \overline{OB}) \times \overline{OA'} \times \overline{OB'} = r^2 \times (\overline{OB'} - \overline{OA'})$

$\Rightarrow$　　　　$\overline{AB} \times \overline{OA'} \times \overline{OB'} = r^2 \times \overline{A'B'}$

由於　　　　$\overline{OA'}$, $\overline{OB'} > r$

故　　　　　$\overline{AB} < \overline{A'B'}$

　　我們看到，葉君所見到的大廈高度 $\overline{AB}$ 是比詹君所處身經空間變換後的大廈的高度 $\overline{A'B'}$ 小多了。

　　這就是「大廈」的祕密。

附　註

註

一個關聯幾何，除了須滿足上述的 A_1、A_2、A_3 三個公設外，還須滿足下列三公設：

A_4：不共線的三點在一面內，且在唯一的面內。

A_5：若一面含一線中的相異兩點，則此面含此線。

A_6：若二面共有一點，則必共有另一點。

由於 Poincaré 空間實際上只是一個非歐平面，因此文中僅說明它滿足 A_1、A_2、A_3 三個公設，而關於 A_4、A_5、A_6 便毋須提及。

大海的訊息

哪條溪流不匯海
哪條溪流不是經由大海
而相互連結
縱是獨特的個人角色
也絕非獨自而無相關
莫忘記
靈性是我們合一的真我

第 21 章

課堂上的目的

　　生活中的許多工作都是有目的的，花了我們一大半時間在課堂上的教學工作當然也該有它的目的。對有些人來說，也許它已僵化成職業性的機械化工作而談不上什麼目的，但是，生命中我們不是時常會浮起：我為什麼而活著，這個問題嗎？就勢必也會反省：我在課堂上的目的是什麼？

　　或許你正忙著解釋為什麼任何一個三角形的三個內角和總是180°，而它三邊上的中線總是會交在一起；或許忙著說明 4 個人作環狀的排列可能有 6 種方法而不是 24 種；或許忙著指出函數 $y = ax + b$ 的係數 a 是如何地影響它的圖形的變化，但圖形卻永遠是一條直線；或許忙著處罰學生，因為他們考試的成績沒有讓你滿意；或許忙著嘔氣，由於學生不喜歡上你的輔導課而寧願到球場上打球。有許多的工作是不斷而且反覆地在課堂上進行著，……。但是，它們的目的是什麼？

　　有件事倒是很值得我們揣想究竟它隱含什麼深刻意義，便是幾個世紀以來，數學總是扮演學校教育裡的重要角色。從歷史的觀點來看，我們說科學與科技的文明其實便是數學的文明是一點也不過分。從數學的本質來看，數學之所以能夠而且必須扮演這樣的角色，可以說一點也不稀奇。

　　數學是人類理性發展中最偉大的結晶。數學教育的一個重要目的便是對於理性的發展作承先啟後的工作。如此看來，我們在課堂上的工作才顯示出它的意義與價值。

　　理性如何能夠發展？便是通過教育的環境引導學習者作有意義的思考 (teach purposeful thinking)，這是數學家兼偉大的數學教育哲學家玻里雅 (George Pólya) 對於數學教育的目的所持的觀點。他認為教學本身並不像一般的科學，可以按照既定的理論或是事實的規律一成不變地進行，也許更像是藝術家的工作。我們都知道，一位好的畫家在

經營畫面時，不僅力求結構的平衡，同時也要求色彩與線條的和諧。可以說教學是著重人性而不是機械性。

數學家彭加萊 (H. Poincaré) 和克萊因 (F. Klein) 都提出過相同的見解，說：

按生物進化 biogenetic 的一項基本定律，指出個體的成長要經歷種族成長的所有階段，順序相同，只是所經歷的時間縮減。教數學和其他任何事情一樣，至少在原則上要遵照這項定律。教育之力，應是漸進的指引去學習較高一級的觀念，最後才教抽象的陳述。此種做法，可說是遵循人類從簡樸原始的情況，奮力達到高級知識水準所經的路徑。還需不時將此一原則加以說明，是因為常有人效法中世紀的學習者，將最普遍的觀念放在一開始的時候便去教授，並且辯稱這是唯一的科學方法。不論支持此種說法的依據為何，但絕不是真理。科學的教學方法只是誘導人去作科學的思考，而不是一開頭就教人去碰冷漠的，經過科學洗鍊的系統。推廣這種自然的真正科學教學的主要障礙是缺乏歷史知識。所有一切數學觀念的產生其實是歷經漫長而緩慢的過程；所有觀念最初出現時，幾乎是草創的形式，經過長期改進，才結晶為確定的方法而成為大家熟悉的有系統的形式。

對於上面兩位數學家的見解，玻里雅也有類似的看法：

教師必須對他所授的內容具備充足廣闊的知識背景，清楚某些數學思想發展的歷史，能夠明白教學的重點所在，看得出各個不同模式蘊涵的實質意義。有些人喜歡在教學過程中強調嚴密的邏輯性而花上許多時間在「證明」上。玻里雅勸說：使用「證明」應該像使用金錢一樣——謹慎而節省些，特別是在達成某項結論的過程中，教學的重心應該放在如何引導學生從事猜測，作直覺的判斷，或是進行類比，對各種可能的情況作分析，甚至進行目標的探索以及思考中的頓悟。

為了達成玻里雅所說的教學的目的，他提出教學的三個基本原則：

(1)鼓勵學生主動的參與與教學活動。

(2)引起學生熱烈的學習動機。

(3)針對目標提供連貫性的教材。

底下，個人舉出一些實例來說明上述三個原則的運用：

鼓勵學生主動的參與教學活動

教學並不是像電話的傳訊，教師說而學生聽，學生的參與就是要他們能夠成為兩個角色——受話者也是傳話者。對一個人來說，數學之能夠成為有用，是由於數學知識已發展成為他的個體結構的一部分以及通過困阨的學習過程所歷煉出的經驗。因此教師一定要拿問題來迫使學生實際的參與教學活動，並且不能允許他們有所規避。由於課堂上並無足夠的時間讓學生作充分的參與，因此運用技巧，謹慎的安排，以保護此種學生的參與活動得能進行卻是非常重要不可缺少。

例：一個有關排列組合的問題。

有甲、乙、丙、丁、戊、己等 6 個人分配住進 A、B、C 三個房間，規定每個房間最多住 4 人，若甲、乙同房，有多少種分配方法？

學生當然已經學習過一些有關排列組合的基本觀念與方法，但是教師不須急著在黑板上解它，先要學生試著解看看。結果可能會出現幾種不同的解答，此時教師也不必急著對個別的解答作出真確或錯誤的判定，不妨問問其他學生。讓他們表達對這個解答的意見，這種情況下必然會引起學生的紛紛議論，等到每一種解答都經歷了上面同樣方式的意見諮詢，最後，整個課堂必將烘起一股熱烈的氣氛，全班學生形成數個小群體各自堅持著自以為是的結論，焦急而期待著教師作

出最後的判決。但是整個活動並不在判決的那一刻結束。從諮詢的過程中，教師已經知道了學生的某些偏向的思考，從而指出它們的錯誤所在並提出正確的方法，使這段教學活動達到最高潮。

引起學生熱烈的學習動機

　　教材的乏味，學習過程的缺乏成就，沒有明顯的探索目標以及把握不定學習的方向，都會帶給學生疲倦而漸漸失去學習的興趣與熱忱，也就將導致教學的失敗。猜測與嘗試是人類的兩項巨大潛能。教師要鼓勵學生、幫助他們，使他們瞭解自己在學習的過程中實際上是扮演著猜測與嘗試的角色。

例：有一顆彗星，它的軌跡是一條拋物線 Γ（見圖），現在發射一顆觀測衛星，它的軌跡是一條直線 l。假定 Γ 與 l 是在同一個平面上。

　　由於要取得最佳的觀測位置，我們必須預先算出（確定）衛星到達的位置，與彗星經過的位置，恰好使 Γ 與 l 之間的距離最短，

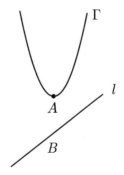

也就是彗星經過 A 點而同時衛星到達 B 點是最佳的觀測位置。我們問學生，B 點的確實位置怎樣找到？

　　這是一個有趣的問題。

　　當然，問題的解法常常因為學生所學的教材不同而有不同。比如說，學到坐標幾何的同時，學生會嘗試去設計一個坐標系統，使 Γ 的代數表式（例如）為 $y = x^2$，而 l 的表式（例如）為 $x - 2y - 2 = 0$。因為 A 點在 Γ 上，它的位置可以用 (t, t^2) 表示，因此 A 到 l 的距離欲為最小，也就是下列的式子

$$\frac{|2t^2 - t + 2|}{\sqrt{5}}$$

為最小。

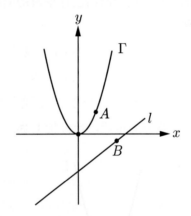

　　經過計算，知道在 $t = \dfrac{1}{4}$ 時上式的值最小，也就是說 A 的位置是 $(\dfrac{1}{4}, \dfrac{1}{16})$，而 B 是 A 點在 l 上的投影，所以 B 的位置是 $(\dfrac{11}{5}, -\dfrac{307}{80})$。

　　同樣的問題，如果讓學過綜合幾何的國三學生來處理，便是一道非常有意思的問題。

　　教師可以指導學生作一些合理的探索與猜測：

　　改變 l 的位置而不改變其方向使 l 更接近 Γ，看看會發現什麼現

象？l 愈接近 Γ，最佳觀測距離便愈縮短，當 l 接觸到 Γ 的那一點位置也就是 A 點的所在，這個時候 A 點即是 B 點，因此在 l 退回到它原來的位置時，A 點就跟著退回到所欲尋找的 B 點位置，這真是一趟探索之旅！

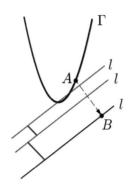

針對目標提供連貫性的教材

　　長程的教學目標必須配以連貫性的教材，當教材分割成分段教材時，分段有分段的目標，但是這些分段目標卻能連貫而被統合，指向原有的長程目標。通過這樣的教材的設計，教學裡的探險活動才能知其所該止而不致迷失方向，學生因此得以自然而活潑地游走於直覺與發現的活動當中。

例：多項式函數是所有函數裡面最基本的一個。由於它的結構最為單　純，因此常被用來描述一些自然現象或是作為其他函數的近似，　所以學習如何利用多項式函數描述現象或作逼近，便是一個長程　的教學目標。在這個目標範圍內，勢必就得對多項式函數本身作　一番瞭解的功夫，以便熟悉這個工具的掌握，也就因此而確立了

一個中程的教學目標——瞭解多項式函數 $a_n x^n + a_{n-1} x^{n-1} + \cdots + a_1 x + a_0$；然而多項式函數運用之所在往往在尋找那些滿足 $a_n x^n + a_{n-1} x^{n-1} + \cdots + a_1 x + a_0$ 等於某一常數 c 的 x 值，就是說在求解多項方程式的根的問題。通過分解，我們希望把一個高次的多項式拆成幾個更為簡單的一次或二次式的乘積，如此一來，解決了一次或二次式的根的問題便也就解決了高次式的根的問題（至於無法分解的，就又朝另一個目標前進探索，比如數的近似、根的近似、數值分析等，以求解決之路）。因此學習如何分解因式便是一個較為短期的目標，而因式定理或餘式定理也就在這個目標分段的流程中顯現出它該有的角色的地位。如果更把目標往前推移，那麼最近程的目標便是如何熟習數的四則運算了。

把上面所敘的流程圖解如下：

　　上面流程圖的架構，宛如一條大河，從源頭（數）起始，經過分支再分支而形成了許多的支流。支流眾多，主流可見而脈絡則清楚明白。教師的工作便是引領學生按預定的目標游走於河流中的諸島，作探索、作猜測、作發現、作瞭解，而尋幽攬勝的過程中便已習得了如何作出有目標、有意義的思考了。

大海的訊息

愛是創造
而創造意欲分享
創造的先決
是
捨棄自我
因為
創造原於真我
原自真我的
既是一體
分享乃是
必然而自然

第 22 章

藉題發揮　得意忘形

幾天前 ❶，應一位親戚之邀，回南部參加他女兒的訂婚禮，按當地習俗，請來廚師，就著住家附近巷道，做起外燴，宴請賓客。酒席內容，山珍海味，材料道地，面子十足。吃喝之間，只見佳餚美食，一道端上，尚未用完，緊接一道，不多一會，桌面已擺滿四五道菜，此時眾家賓客，美味當前，不見評頭論足，讚賞喝采，卻只自顧埋頭苦幹，吃著，塞著，過不多久，便見前面幾道菜已現盤底，而廚師們也顧不著食客的消化與否，反倒新的料理仍是一盤又一盤的端上又更替，到得後來，盤中美食，有些僅被淺嚐幾口，有些稍被翻動，有些甚至到席散仍是原封不動，實在可惜，真是糟蹋。原先滿腹的食慾，被脹滿的壓迫感取代，開始時想像美味的期待，換得的是宴後的一種負擔。這種不舒服的經驗，其實在許多的宴飲場合是屢見不鮮的，它是臺灣的文化之一。

飲食文化，也深深地影響教學的內容，俗又大碗是其一，急就章草草結束是其二。口中狼吞虎嚥，肚裡塞著撐著，最後消化不良，再沒一點胃口，這不只是飲食現象，也是教學寫照。

要教學雙方都能享有美好經驗，內容的質量選取，過程的推進安排都須用心與智慧。優質的教學，如同健康的飲食，不是比量多，是求質精；不是比進度，是求深刻。

怎麼做呢？我提出兩點：

一是藉題發揮

一是得意忘形

藉題發揮是指藉一道問題的解決，在過程中，教師提出幾個相關的子問題，透過師生的互動、討論、思辨而逐漸釐清問題，契近問題核心，擬出解題策略，最後甚至擴展問題，加以發揮。這些子問題主

❶ 此文是作者於 1998 年發表於〈數學傳播〉期刊上的文章。

要在幫助學生(1)觀察問題，搜尋經驗(2)明白問題，找出因果(3)看清問題，激發想像。

　　而得意忘形，是指教師在新題材的介紹上，強調內容的意義及方法的運用，在過程中，提供機會，以活動學生的舊有知識及經驗，避免教學落入證明公式、記憶公式、代算公式的形式中。

　　底下用兩個例子說明上述觀點。

例題 1 〇

試證明 $16\cos^5\theta = \cos 5\theta + 5\cos 3\theta + 10\cos\theta$。

（此一問題出自牛頓版，高中基礎數學第二冊，p. 206。問題出現之前，課本有提及：設 $\alpha = \cos\theta + i\sin\theta$, $n \in \mathbb{Z}$，則 $\alpha^n + \alpha^{-n} = 2\cos n\theta$, $\alpha^n - \alpha^{-n} = 2i\sin n\theta$。）

　　對此問題，教師如果僅僅急著要去講解課本上的解法（註），草草結束，沒有什麼聯想，不作任何發揮，實在可惜，真的糟蹋。要求精緻，要談建構，教師這時候不妨使用下列提問的方式引導學生進行思考、聯想、整理及思辨：

　　請你們把這個待證的等式仔細多看幾遍，作番觀察。

　　發現什麼嗎？

　　等式左邊是 $\cos\theta$ 的五次方，右邊呢？右邊怎麼說？

　　是 $\cos 5\theta$, $\cos 3\theta$ 與 $\cos\theta$ 的一次組合，是不是？

　　另外還發現什麼嗎？

　　注意到係數間的關係了嗎？看到係數間的關係 $16 = 1 + 5 + 10$ 以及 1, 5, 10 這三個數的排序，聯想到什麼嗎？

　　它只是一種巧合嗎？或者可能是某一規律的顯示呢？

　　能不能找一個更簡單的等式，它也顯示類似的規律呢？我的意思

是比如左邊要是 $\cos^3\theta$ 的話，這時等式會是什麼呢？

是不是 $4\cos^3\theta = \cos 3\theta + 3\cos\theta$？

這個式子是真確的嗎？

它跟你們學過的三倍角公式有關嗎？

它就是餘弦的三倍角公式，對不對？所以它是真確的囉！

這樣看來，似乎是真有一個規律存在！？

我們一起來猜想看這一規律大概是什麼樣子。

有什麼譜嗎？

如果等式左邊是 $\cos^7\theta$ 的話，按照你們心中猜想的規律，這個等式是什麼？

$64\cos^7\theta = \cos 7\theta + 7\cos 5\theta + 21\cos 3\theta + 35\cos\theta$，對嗎？

你能確定上面的等式是真確的嗎？

還不能！對不？

如果真是成立的話，把 θ 取一特定的值代入左右兩邊，分別計算求值，兩者應該相等才是，否則就可以說等式是不真確的，對嗎？這確是一個檢驗的好主意！

比如取 $\theta = 60°$，大家算看看。

結果怎樣？兩邊的值果然相等，是不？你因此可以說等式是真確的嗎？

不能！對的，我們還不能因此就說等式是真確的，但是經由剛才的檢驗，你們更加相信等式是真確的，是嗎？

雖然，我們現在還沒有工夫去確定這些等式是否真確，不過，叫人鼓舞的是，大家經由對原先問題的觀察，似乎已經發現了一個一般性的規律，這實在太好了。

當然，如何把這個規律用一個數學式子明確表示，並且給予證明，

是後續的重要事情。可是別急，大家要是稍加想像的話，在目前，這可不是件容易的事，待我們回到最開始的那道問題上，看看有些什麼可能的證明方法，解決之後，再來談一般性的問題，說不定心中就會出現較好的點子。

開始的問題是要證明

$$16\cos^5\theta = \cos 5\theta + 5\cos 3\theta + 10\cos\theta$$

依你們以往的經驗，是從左邊證往右邊呢？或是從右邊證往左邊較為方便？

從以簡御繁，化繁為簡的策略來看，應該是從右邊證往左邊較好吧？

很好，所以左邊的 $\cos^5\theta$ 就是你們要證明的目標，請大家看清楚，它是 $\cos\theta$ 的一個五次單項式；至於右邊呢？$\cos 5\theta$, $\cos 3\theta$ 跟 $\cos\theta$ 有什麼關係嗎？

$\cos 3\theta$ 可以寫成 $4\cos^3\theta - 3\cos\theta$，而 $\cos 5\theta$ 嘛，應該也可以寫為 $\cos\theta$ 的五次多項式！？

怎麼說呢？

因為把和角公式 $\cos(\alpha + \beta) = \cos\alpha\cos\beta - \sin\alpha\sin\beta$ 中的 α 看成 3θ, β 看成 2θ，再利用已知的二倍角、三倍角公式就行了。

不錯，大家就演算看看。

結果呢？

$$\cos 5\theta = 16\cos^5\theta - 20\cos^3\theta + 5\cos\theta$$

很好！

到這裡，我們暫且走岔一下。不知道你們有沒有注意到 $\cos 2\theta$, $\cos 3\theta$ 可以分別表為 $\cos\theta$ 的二次及三次多項式，而今，$\cos 5\theta$ 也可以表為 $\cos\theta$ 的五次多項式，是不是因此推想：$\cos\theta$ 可以表為 $\cos\theta$ 的 n

次多項式呢? 事實上，這件事是對的，建議你們回去後想想看，能不能用數學歸納法證明? 這證明中間可能還會涉及到 $\sin n\theta$ 是否可以表為 $\sin\theta$ 的 n 次式及一些其他的問題，總之，還滿複雜的。這是一個節外生枝的問題，不是這裡的三兩句話可以交待清楚，有興趣的話研究看看就是了。

　　現在，還是回到原來的問題上。

　　既然 $\cos 5\theta$, $\cos 3\theta$, $\cos\theta$ 都是 $\cos\theta$ 的多項式，所以從右邊證往左邊這件事，其實只不過是把 $\cos 5\theta + 5\cos 3\theta + 10\cos\theta$ 化簡成 $\cos\theta$ 的多項式，看看結果是不是 $16\cos^5\theta$ 罷了。

　　所以諸位已經看到，證明並不困難，只須先把問題的意涵搞清楚。

　　不過，要提醒你們注意的一個有趣問題是，那些係數 1, 5, 10 是怎麼發現的? 為什麼不是其他的數呢?

　　證明是一回事，發現等式又是一回事。

　　改換一個角度來看，要是想從等式的左邊證往右邊，便相當於如何把 $\cos^5\theta$ 表為 $\cos 5\theta$, $\cos 3\theta$ 與 $\cos\theta$ 的一次組合，而這也算是一種以簡御繁的觀點，因為，五次的東西用一次的組合表示。

　　前面已經學過，如果取 $\alpha = \cos\theta + i\sin\theta$，就有 $\alpha^n + \alpha^{-n} = 2\cos n\theta$，因此，

$$\cos^5\theta = (\frac{\alpha + \alpha^{-1}}{2})^5$$

$$= \frac{1}{32}(\alpha^5 + 5\alpha^4\alpha^{-1} + 10\alpha^3\alpha^{-2} + 10\alpha^2\alpha^{-3} + 5\alpha\alpha^{-4} + \alpha^{-5})$$

$$= \frac{1}{32}[(\alpha^5 + \alpha^{-5}) + 5\alpha\alpha^{-1}(\alpha^3 + \alpha^{-3}) + 10\alpha^2\alpha^{-2}(\alpha + \alpha^{-1})]$$

但是　　　　　　　　　　　　$\alpha\alpha^{-1} = 1$

$\therefore$　　　　　　　$\cos^5\theta = \frac{1}{32}(2\cos 5\theta + 10\cos 3\theta + 20\cos\theta)$

也就是　　　　　　$16\cos^5\theta = \cos 5\theta + 5\cos 3\theta + 10\cos\theta$

對上面的證明，你們有什麼感覺？

有沒有些許的感動？

原本是一個三角的問題，但是通過複數這一條新的路徑，證明竟顯得如此簡潔。是不是叫人著迷？

還有，這樣的證明又帶給我們什麼其他的啟發？是不是同樣的方法，都可以讓我們找到 $\cos^{2n+1}\theta$ 的有關等式？$\cos^{2n}\theta$ 又如何？甚至 $\sin^n\theta$ 呢？這些問題就留給你們好好的想一想，仔細的做一做。

千言萬語要交待的是，只有通過解題的實踐，才有機會整合你們的知識，融會貫通，形成網絡，產生有效的經驗。

例題 2

於空間中，證明點 $(x_0,\ y_0,\ z_0)$ 到平面 $ax+by+cz+d=0$ 的距離為

$$\frac{|ax_0+by_0+cz_0+d|}{\sqrt{a^2+b^2+c^2}}$$

這個例子，是每一課本，每一教材在介紹空間向量與空間平面時，都會提到的一個公式，本無新奇，不過，僅僅把它視為一個公式，教它的證明，之後，舉個實例，代入計算，便就結束，是相當可惜的。因為透過這個問題的出現，教師在完成它的證明的介紹之前，可以用一些子問題向學生釐清「距離」這一概念，過程中整合他們的某些知識，讓學習的經驗流動而不凝阻，避免教學落入一種只是證明、代公式、演算的形式中。

教師或許可以如下提問：

你們曾經學過哪些跟距離有關的事情？

點與點，還有呢？

還有平面上，點與直線。

就是指這個距離公式 $\dfrac{|ax_0+by_0+c|}{\sqrt{a^2+b^2}}$ 嗎?

這個公式怎麼來的,知道嗎?

……

忘了?

沒關係,讓我們耐心地從頭開始。

能不能告訴我,什麼叫距離?

…,距離就是線段長。

什麼樣的線段?

最短線段!

你說的最短,能不能把它的涵意說清楚?!

就是說兩個圖形間可能連接的線段中最短的。

說得非常好,如果用 $\min\{\overline{PQ}\,|\,P\in S_1,\ Q\in S_2\}$ 表示圖形 S_1 與 S_2 間的距離,是不是把你的意思表達得更明確?

這樣說來,兩點 A, B 間的距離就是唯一的 $\overline{AB}$ 了。

而如果平面上,給點 $P(2, -1)$ 及直線 $l:3x-y-2=0$,那麼 P 與 l 的距離就是 $d(P, l)=\min\{\overline{PQ}\,|\,Q\in l\}$,怎麼求這一個距離呢?

Q 是 l 上的動點,怎麼表示 Q 的位置呢?

用坐標!

對的,但怎麼表示呢?就說 $Q=(x, y)$ 行嗎?

不行。

為什麼?

因為這樣的表示,沒有把 Q 落在直線 l 的這一事實呈現出來,應該寫成 $Q=(x, 3x-2)$ 才是。

很好! 因此這時候,我們看到 $\overline{PQ}^2$ 是跟著 Q 的位置而變動,也就是

隨著 x 的值而變動，這之間的變動，我們可以用下面的式子表現出來：

$$\overline{PQ}^2 = (x-2)^2 + (3x-1)^2$$

現在，我們的目標變成如何求上面一式的最小值，這是你們已經熟習過的問題不是嗎? 怎麼做?

$$\overline{PQ}^2 = 10x^2 - 10x + 5$$
$$= 10(x - \frac{1}{2})^2 + \frac{5}{2}$$

所以 $\overline{PQ}$ 的最小值就是 $\frac{\sqrt{10}}{2}$，隨之，P 與 l 的距離等於 $\frac{\sqrt{10}}{2}$。

如果順便想知道在 $\overline{PQ} = \frac{\sqrt{10}}{2}$ 時，Q 的位置，也就是 Q 的坐標，怎麼辦呢?

因為是當 $x - \frac{1}{2} = 0$ 時，才取得 $\overline{PQ}$ 的最小值，這時 $Q = (\frac{1}{2}, -\frac{1}{2})$。

是的，那麼再問: 這時候的 $Q = (\frac{1}{2}, -\frac{1}{2})$ 確是點 P 在 l 的投影嗎? 也就是 $\overline{PQ}$ 果真與 l 垂直嗎? 請你們檢驗。

你們怎麼檢驗的呢?

喔，有人用兩直線的斜率乘積是否等於 -1 去判斷，不錯!

嗯，還有人用向量 $\overrightarrow{PQ} = (\frac{-3}{2}, \frac{1}{2})$ 與直線 l 的法向量 $(3, -1)$ 是否平行作判斷，真的太好了。

接著，讓我們來看一個對你們來說是一個新的問題，即空間中，求點與平面的距離的實例。

給點 $P(-1, 2, -4)$ 及平面 $E : x - y - z - 3 = 0$，要求 P 與 E 的距離 $d(P, E)$。

　　像上一個例子一樣，假定 Q 是 E 上的動點，要求 $d(P, E)$ 就是要求 $\overline{PQ}$ 的最小值。怎麼表示 Q 的位置呢？也就是怎麼設定 Q 的坐標呢？

　　當然不能寫成 $Q = (x, y, z)$，因為這樣的表示沒有顯示 $Q \in E$ 這個事實。

　　寫成 $Q = (x, y, x - y - 3)$ 行嗎？

　　確是可行。

　　這時候，我們仍然把 $\overline{PQ}^2$ 用 x, y 來表示，就是：

$$\overline{PQ}^2 = (x + 1)^2 + (y - 2)^2 + (x - y + 1)^2$$

怎麼求上面一式的最小值呢？仍然用配方法：

$$
\begin{aligned}
&(x + 1)^2 + (y - 2)^2 + (x - y + 1)^2 \\
&= 2(x^2 - xy + y^2 + 2x - 3y + 3) \\
&= 2[x^2 - (y - 2)x + y^2 - 3y + 3] \\
&= 2[(x - \frac{y - 2}{2})^2 + \frac{3}{4}(y - \frac{4}{3})^2 + \frac{2}{3}]
\end{aligned}
$$

　　諸位看到，要是讓 $x - \dfrac{y - 2}{2} = 0$ 及 $y - \dfrac{4}{3} = 0$，這時候 $\overline{PQ}^2$ 取得最小值 $\dfrac{4}{3}$，也就是 P 與 E 的距離等於 $\dfrac{2}{\sqrt{3}}$。而同時，我們得到 $x = -\dfrac{1}{3}$, $y = \dfrac{4}{3}$，就是說，這時候的點 Q，其坐標為 $(-\dfrac{1}{3}, \dfrac{4}{3}, -\dfrac{14}{3})$。

　　當然，我們也可以檢驗看看，此時的 $Q = (-\dfrac{1}{3}, \dfrac{4}{3}, -\dfrac{14}{3})$ 是否就是點 P 在平面 E 上的投影。在上一例中，有人想到要用向量 $\overrightarrow{PQ}$ 是否與直線的法向量平行去判斷，這時候，也是可以仿照著做，看看 $\overrightarrow{PQ} = (\dfrac{2}{3}, -\dfrac{2}{3}, -\dfrac{2}{3})$ 是否平行平面 E 的法向量 $(1, -1, -1)$？

現在，我要給你們一個問題：

給空間中的兩條直線 $l_1 : \dfrac{x-1}{2} = \dfrac{y+1}{-1} = \dfrac{z}{3}$ 與

$l_2 : \dfrac{x+2}{1} = \dfrac{y-1}{2} = \dfrac{z+1}{-2}$，求 l_1 與 l_2 的距離 $d(l_1, l_2)$。

在你們進行求解之前，先給些提示。

因為 $d(l_1, l_2) = \min\{\overline{PQ} \,|\, P \in l_1,\ Q \in l_2\}$，$\overline{PQ}^2$ 是由兩個動點 P 與 Q 的位置所決定，P 與 Q 的坐標決定了 $\overline{PQ}^2$ 的值。

如果取 $P = (2s+1,\ -s-1,\ 3s)$，而 $Q = (t-2,\ 2t+1,\ -2t-1)$，請你們完成下列諸步驟：

1° 把 $\overline{PQ}^2$ 表為 s 與 t 的二次式。

2° 求出上式的最小值，因而得出 $d(l_1, l_2)$ 是多少？

3° 找出使 $\overline{PQ}$ 最小的 s 與 t 值，隨之得到對應的點 P 與點 Q 的坐標。

4° 檢驗 3° 中之 P 與 Q 是否使 $\overline{PQ}$ 垂直 l_1，同時 $\overline{PQ}$ 也垂直 l_2？

各位已經看到，即使面對一道新的問題，你們舊有的知識與經驗，有時仍派得上用場，不要以為解新問題就非要新方法新工具才行，總要先嘗試解決看看，不行再另想辦法。這種態度，不僅使我們的知識常得到歷練整合的機會，而且對於新知識，新方法，反倒更易明白它們的意涵及定位，建立健康而有效的接納。

現在，讓我們回到開始的那一個距離公式

$$\frac{|ax_0 + by_0 + cz_0 + d|}{\sqrt{a^2 + b^2 + c^2}}$$

看看它是怎麼來的？

我們用向量這一新的工具作如下的分析：

取平面 $E: ax+by+cz+d=0$ 上的任意點 $P(x, y, z)$，

因此有 $d=-(ax+by+cz)$

隨之 $\dfrac{|ax_0+by_0+cz_0+d|}{\sqrt{a^2+b^2+c^2}} = \dfrac{|a(x_0-x)+b(y_0-y)+c(z_0-z)|}{\sqrt{a^2+b^2+c^2}}$

上面最後一式可看作是兩個向量 $\vec{u} = \dfrac{1}{\sqrt{a^2+b^2+c^2}}(a, b, c)$ 與

$\overrightarrow{PP_0} = (x_0-x, y_0-y, z_0-z)$ 的內積的絕對值，其中 $P_0 = (x_0, y_0, z_0)$ 為已知點，它的一個幾何意義是 $\overrightarrow{PP_0}$ 在平面 E 的單位法向量 $\vec{u}$ 的投影長，從附圖，我們看到這個投影長就是 P_0 與平面 E 的距離 $d(P_0, E)$。

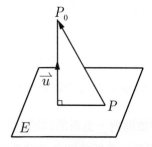

　　各位已見識到，我們從向量觀點看這一個距離公式，它的意涵只不過是個投影長，因而領會到，比起前面例中所使用的配方法，向量在作為一種解題的工具上所展現的簡潔與力量。

　　學到的知識，如果僅是片片落葉，沒有關聯，看不出脈絡，學習就易成為無趣的經驗，痛苦的負擔。教師儘管熱情，生怕學生吃不夠喝不足，佳餚一盤盤的端上，但是未經充分咀嚼細細品味，硬往肚中充塞，到後來，就只是脹滿的不快經驗，哪存有美味餘香？因此，教學中，藉問題而發揮，得其意而忘形，帶領學生進入整合、聯想與創造，如同美食，從材料的準備，過程的調製，到端上桌後色香味的評品，過程的經歷，就是一場美宴，一種享受，一次豐富的建構。

附　註

註

課本上的解法:

設 $\alpha = \cos\theta + i\sin\theta$，則知

$$\alpha^n + \alpha^{-n} = 2\cos n\theta$$

因此

$$
\begin{aligned}
\cos 5\theta &+ 5\cos 3\theta + 10\cos\theta \\
&= \frac{1}{2}[(\alpha^5 + \alpha^{-5}) + 5(\alpha^3 + \alpha^{-3}) + 10(\alpha + \alpha^{-1})] \\
&= \frac{1}{2}(\alpha + \alpha^{-1})^5 \\
&= \frac{1}{2}(2\cos\theta)^5 \\
&= 16\cos^5\theta
\end{aligned}
$$

大海的訊息

不是身體的快感
是心的快感
不是身體的痛苦
是心的痛苦
役心
莫役於心
我既非身體
又超越於心之上
是真正的主人
役心或役於心
不過是一念之轉

第 23 章

Cauchy 不等式的推廣

$$(x_1^2 + x_2^2)(y_1^2 + y_2^2) \geq (x_1y_1 + x_2y_2)^2$$ 可以說是 Cauchy 不等式的最簡形式。若讓項數增多為：

$$(x_1^2 + x_2^2 + \cdots + x_n^2)(y_1^2 + y_2^2 + \cdots + y_n^2) \geq (x_1y_1 + x_2y_2 + \cdots + x_ny_n)^2$$

雖形式上看來較為複雜，但其實兩者內涵並無什麼不同。

現在，若考慮較高的次數，比如：

$$(x_1^3 + x_2^3)(y_1^3 + y_2^3)(z_1^3 + z_2^3) \geq (x_1y_1z_1 + x_2y_2z_2)^3$$

這個不等式成立嗎？

甚至讓項數增多為一般化：

$$(x_1^3 + x_2^3 + \cdots + x_n^3)(y_1^3 + y_2^3 + \cdots + y_n^3)(z_1^3 + z_2^3 + \cdots + z_n^3)$$
$$\geq (x_1y_1z_1 + x_2y_2z_2 + \cdots + x_ny_nz_n)^3$$

這個不等式成立嗎？

我們不僅增多項數，也提高次數為一般化：

讓項數為 n，而次數為 m，則

$$(x_{11}^m + x_{12}^m + \cdots + x_{1n}^m)(x_{21}^m + x_{22}^m + \cdots + x_{2n}^m) \cdots (x_{m1}^m + x_{m2}^m + \cdots + x_{mn}^m) \geq$$
$$(x_{11}x_{21} \cdots x_{m1} + x_{12}x_{22} \cdots x_{m2} + \cdots + x_{1n}x_{2n} \cdots x_{mn})^m$$

這個不等式成立嗎？

若是成立，則「 $=$ 」存在的條件又是什麼？

是的，它是成立的。但是我們將限制

$$x_{ij} \geq 0, \; i = 1, 2, \cdots, m; j = 1, 2, \cdots, n$$

底下就給出證明。但為敘寫方便，我們要使用兩個符號來簡化不等式的形式：

(ⅰ) $\prod\limits_{i=1}^{m} x_i = x_1 \cdot x_2 \cdots x_m$

(ⅱ) $\sum\limits_{j=1}^{n} x_j = x_1 + x_2 + \cdots + x_n$

隨之，我們所欲證明的不等式即為： $\prod\limits_{i=1}^{m}(\sum\limits_{j=1}^{n} x_{ij}^m) \geq [\sum\limits_{j=1}^{n}(\prod\limits_{i=1}^{m} x_{ij})]^m$

證明 ▶

令
$$X_1 = x_{11}^m + x_{12}^m + \cdots + x_{1n}^m$$
$$X_2 = x_{21}^m + x_{22}^m + \cdots + x_{2n}^m$$
$$\vdots$$
$$X_m = x_{m1}^m + x_{m2}^m + \cdots + x_{mn}^m$$

即
$$X_i = \sum_{j=1}^{n} x_{ij}^m,\ i = 1,\ 2,\ \cdots,\ m$$

又令
$$a_{ij} = \frac{x_{ij}^m}{X_i},\ i = 1,\ 2,\ \cdots,\ m;\ j = 1,\ 2,\ \cdots,\ n$$

由算術幾何平均不等式，我們有：

$$\begin{cases} \dfrac{1}{m}\sum\limits_{i=1}^{m} a_{i1} \geq \prod\limits_{i=1}^{m}(a_{i1})^{\frac{1}{m}} \\[2mm] \dfrac{1}{m}\sum\limits_{i=1}^{m} a_{i2} \geq \prod\limits_{i=1}^{m}(a_{i2})^{\frac{1}{m}} \\[1mm] \vdots \\[1mm] \dfrac{1}{m}\sum\limits_{i=1}^{m} a_{in} \geq \prod\limits_{i=1}^{m}(a_{in})^{\frac{1}{m}} \end{cases} \quad (*)$$

以上諸式相加

得 $\dfrac{1}{m}(\sum\limits_{i=1}^{m} a_{i1} + \sum\limits_{i=1}^{m} a_{i2} + \cdots + \sum\limits_{i=1}^{m} a_{in}) \geq \prod\limits_{i=1}^{m}(a_{i1})^{\frac{1}{m}} + \prod\limits_{i=1}^{m}(a_{i2})^{\frac{1}{m}} + \cdots + \prod\limits_{i=1}^{m}(a_{in})^{\frac{1}{m}}$

但是 $\dfrac{1}{m}(\sum\limits_{i=1}^{m} a_{i1} + \sum\limits_{i=1}^{m} a_{i2} + \cdots + \sum\limits_{i=1}^{m} a_{in}) = \dfrac{1}{m}(\sum\limits_{j=1}^{n} a_{1j} + \sum\limits_{j=1}^{n} a_{2j} + \cdots + \sum\limits_{j=1}^{n} a_{mj})$

$$= \frac{1}{m}(\underbrace{1 + 1 + \cdots + 1}_{m\text{個}}) \quad (\text{由 } a_{ij} \text{ 的定義})$$

$$= 1$$

而 $\prod\limits_{i=1}^{m}(a_{i1})^{\frac{1}{m}} + \prod\limits_{i=1}^{m}(a_{i2})^{\frac{1}{m}} + \cdots + \prod\limits_{i=1}^{m}(a_{in})^{\frac{1}{m}} = \dfrac{\prod\limits_{i=1}^{m}x_{i1} + \prod\limits_{i=1}^{m}x_{i2} + \cdots + \prod\limits_{i=1}^{m}x_{in}}{(X_1 \cdot X_2 \cdots\cdots X_m)^{\frac{1}{m}}} = \dfrac{\sum\limits_{j=1}^{n}(\prod\limits_{i=1}^{m}x_{ij})}{\prod\limits_{i=1}^{m}(\sum\limits_{j=1}^{n}x_{ij}^m)^{\frac{1}{m}}}$$

故
$$1 \geq \frac{\sum\limits_{j=1}^{n}(\prod\limits_{i=1}^{m}x_{ij})}{\prod\limits_{i=1}^{m}(\sum\limits_{j=1}^{n}x_{ij}^m)^{\frac{1}{m}}}$$

即
$$\prod_{i=1}^{m}(\sum_{j=1}^{n}x_{ij}^m) \geq [\sum_{j=1}^{n}(\prod_{i=1}^{m}x_{ij})]^m \qquad \square$$

現在，我們來看看上面不等式「＝」存在的條件是什麼?

可以看出，不等式的等號存在的充分必要條件乃是式 (∗) 中的諸式的等號都成立，也就是:

$$\begin{cases} a_{11} = a_{21} = \cdots = a_{m1} \\ a_{12} = a_{22} = \cdots = a_{m2} \\ \vdots \\ a_{1n} = a_{2n} = \cdots = a_{mn} \end{cases} \Leftrightarrow \begin{cases} \dfrac{x_{11}^m}{X_1} = \dfrac{x_{21}^m}{X_2} = \cdots = \dfrac{x_{m1}^m}{X_m} \\ \dfrac{x_{12}^m}{X_1} = \dfrac{x_{22}^m}{X_2} = \cdots = \dfrac{x_{m2}^m}{X_m} \\ \vdots \\ \dfrac{x_{1n}^m}{X_1} = \dfrac{x_{2n}^m}{X_2} = \cdots = \dfrac{x_{mn}^m}{X_m} \end{cases}$$

我們設計這樣的符號:

$$\mathop{\Lambda}_{i=1}^{m} a_i \text{ 表示 } a_1, a_2, \cdots, a_m \text{ 的連比 } a_1 : a_2 : \cdots : a_m$$

因此，不等式的等號存在的條件就是:

$$\mathop{\Lambda}_{i=1}^{m} x_{i1}^m = \mathop{\Lambda}_{i=1}^{m} x_{i2}^m = \cdots = \mathop{\Lambda}_{i=1}^{m} x_{in}^m \; (= \mathop{\Lambda}_{i=1}^{m} X_i)$$

或者說是:

$$\mathop{\Lambda}_{i=1}^{m} x_{i1} = \mathop{\Lambda}_{i=1}^{m} x_{i2} = \cdots = \mathop{\Lambda}_{i=1}^{m} x_{in} \ (= \mathop{\Lambda}_{i=1}^{m} X_i^{\frac{1}{m}})$$

以上便是 Cauchy 不等式的推廣。

大海的訊息

　　　　寬恕是一條林中路
　　　　　　　路上
　　　　我們與所見合歡共舞
　　　　寬恕是一個邀請
　　　　邀請真理的臨現

第 24 章

迴歸直線與相關係數的關係

　　科學活動的主要內容在通過某些基本模式的建立，以尋找變量之間的關係或規律，但是有些變量之間並不存在必然的關係或是明顯的規律，譬如人的身高與體重、學生的理化成績與數學成績、產品的廣告費與銷售量等；然而它們變化之間卻又隱約有某個趨勢存在。例如兩個變量 x 與 y 的數據：

$$
\begin{array}{c|l}
x & x_1,\ x_2,\ x_3,\ \cdots,\ x_n \\
\hline
y & y_1,\ y_2,\ y_3,\ \cdots,\ y_n
\end{array}
$$

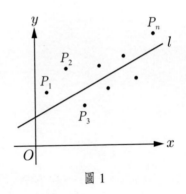

圖 1

　　從它們的散佈情形來看（圖 1），雖然沒能找到一個基本的模式 f 來直接表出 x 與 y 的關係 $y = f(x)$，但是隱約之間，我們看到由這些數據所建構的點 $P_i(x_i,\ y_i)$ 是有向某一直線靠攏的趨勢。因此，退而求其次，我們設法找出這一直線，並對靠攏的趨勢程度加以量化。

迴歸直線

　　如圖 1 中的直線 l，其意義可以有許多不同的解釋，只要不離開這些點太離譜，隨便哪一條直線都可以，問題是：什麼方法才能使找

到的直線可以最佳地表達出數據間的變化趨勢?「最小方差法」便是其
中的方法之一。

　　首先，考慮諸點 $P_i(x_i, y_i)$ $(i = 1, 2, 3, \cdots, n)$ 沿縱軸方向在 l_1 上
的投影 R_i（圖 2），使 $\sum \overline{P_i R_i}^2$ 為最小。

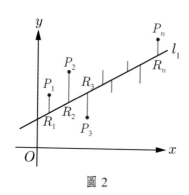

圖 2

設 l_1 的方程式為　　　　　　$y = mx + k$

則有　　　　$\sum \overline{P_i R_i}^2 = \sum (mx_i + k - y_i)^2$（記為 $f(m, k)$）

由　　　　　　　　　　$\dfrac{\partial f}{\partial m} = \dfrac{\partial f}{\partial k} = 0$

得　　　　　　　　$\begin{cases} \sum (mx_i + k - y_i)x_i = 0 \\ \sum (mx_i + k - y_i) = 0 \end{cases}$

$\Rightarrow$　　　　　　$\begin{cases} (\sum x_i^2)m + (\sum x_i)k = \sum x_i y_i \\ (\sum x_i)m + n \cdot k = \sum y_i \end{cases}$

解得　　　$m = \dfrac{\sum x_i y_i - n \overline{x}\,\overline{y}}{\sum x_i^2 - n \overline{x}^2}$，其中 $\overline{x} = \dfrac{1}{n}\sum x_i$，$\overline{y} = \dfrac{1}{n}\sum y_i$

由　　　$k = \dfrac{1}{n}\sum y_i - (\dfrac{1}{n}\sum x_i)m \Rightarrow k = \overline{y} - m\overline{x}$

$\therefore$　　　　　　$\overline{y} = m\overline{x} + k$

最後一式表示直線 $l_1 : y = mx + k$ 通過點 $(\overline{x}, \overline{y})$，因此 l_1 的方程式亦可寫成：

$$l_1 : y - \overline{y} = \frac{\sum x_i y_i - n\overline{x}\,\overline{y}}{\sum x_i^2 - n\overline{x}^2}(x - \overline{x}) \tag{1}$$

我們把直線 l_1 稱為 y 對 x 的迴歸直線。

其次，我們也必須考慮諸點 $P_i(x_i, y_i)$ $(i = 1, 2, 3, \cdots, n)$ 沿橫軸方向在 l_2 上的投影 Q_i（圖 3），使 $\sum \overline{P_i Q_i}^2$ 為最小。

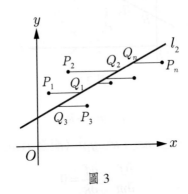

圖 3

設 l_2 的方程式為　　　　$x = my + k$

則有　　　$\sum \overline{P_i Q_i}^2 = \sum (my_i + k - x_i)^2$（記為 $g(m, k)$）

由　　　　　$\dfrac{\partial g}{\partial m} = \dfrac{\partial g}{\partial k} = 0$

得　　　$\begin{cases} \sum (my_i + k - x_i)y_i = 0 \\ \sum (my_i + k - x_i) = 0 \end{cases}$

$\Rightarrow$　　$\begin{cases} (\sum y_i)^2 m + (\sum y_i)k = \sum x_i y_i \\ (\sum y_i)m + n \cdot k = \sum x_i \end{cases}$

解得　　$m = \dfrac{\sum x_i y_i - n\overline{x}\,\overline{y}}{\sum y_i^2 - n\overline{y}^2}$，其中 $\overline{x} = \dfrac{1}{n}\sum x_i$，$\overline{y} = \dfrac{1}{n}\sum y_i$

由　　　　　　　　$k = \dfrac{1}{n}\sum x_i - (\dfrac{1}{n}\sum y_i)m$

$\Rightarrow$　　　　　　　　$k = \overline{x} - m\overline{y}$

$\therefore$　　　　　　　　$\overline{x} = m\overline{y} + k$

最後一式表示直線 $l_2 : x = my + k$ 通過點 $(\overline{x},\, \overline{y})$，因此 l_2 的方程式亦可寫成：

$$l_2 : x - \overline{x} = \frac{\sum x_i y_i - n\overline{x}\,\overline{y}}{\sum y_i^2 - n\overline{y}^2}(y - \overline{y})$$

或是　　　　　$y - \overline{y} = \dfrac{\sum y_i^2 - n\overline{y}^2}{\sum x_i y_i - n\overline{x}\,\overline{y}}(x - \overline{x})$　　　　　　(2)

我們把直線 l_2 稱為 x 對 y 的迴歸直線。

顯然，l_1 與 l_2 的差異如果愈小，諸點 P_i 靠攏 l_1 與 l_2 的趨向便愈明顯。

相關係數

把前述 y 對 x 的迴歸直線(1)及 x 對 y 的迴歸直線(2)的斜率分別記為 m_1 與 m_2：

$$m_1 = \frac{\sum x_i y_i - n\overline{x}\,\overline{y}}{\sum x_i^2 - n\overline{x}^2}$$

$$m_2 = \frac{\sum y_i^2 - n\overline{y}^2}{\sum x_i y_i - n\overline{x}\,\overline{y}}$$

由

$$\sum(x_i - \overline{x})(y_i - \overline{y}) = \sum x_i y_i - (\sum x_i)\overline{y} - (\sum y_i)\overline{x} + n\overline{x}\,\overline{y}$$
$$= \sum x_i y_i - n\overline{x}\,\overline{y} - n\overline{y}\,\overline{x} + n\overline{x}\,\overline{y}$$
$$= \sum x_i y_i - n\overline{x}\,\overline{y}$$

及

$$\sum(x_i - \overline{x})^2 = \sum(x_i^2 - 2x_i\overline{x} + \overline{x}^2) = \sum x_i^2 - 2(\sum x_i)\overline{x} + n\overline{x}^2$$
$$= \sum x_i^2 - 2n\overline{x}\cdot\overline{x} + n\overline{x}^2 = \sum x_i^2 - n\overline{x}^2$$

所以

$$m_1 = \frac{\sum(x_i - \overline{x})(y_i - \overline{y})}{\sum(x_i - \overline{x})^2}$$

$$m_2 = \frac{\sum(y_i - \overline{y})^2}{\sum(x_i - \overline{x})(y_i - \overline{y})}$$

考慮 $\dfrac{m_1}{m_2} = \dfrac{[\sum(x_i - \overline{x})(y_i - \overline{y})]^2}{\sum(x_i - \overline{x})^2 \cdot \sum(y_i - \overline{y})^2}$ (>0)，不失一般性，底下的討論均假

定 $m_1 > 0$, $m_2 > 0$，而且 $m_2 \geq m_1$。

　　取 $K = \dfrac{m_1}{m_2}$，可以看出，在 m_1 的值固定的情況下，m_2 與 K 成反

比。就是說 m_2 愈小，K 值隨之愈大；m_2 愈大，K 值隨之愈小。幾何

意義看來，便是 l_1 與 l_2 的銳夾角 θ 愈小，K 值隨之愈大；θ 愈大，K

值隨之愈小（圖4）。因此，K 值的大小能夠適度地反映出 l_2 與 l_1 之

間的差異。

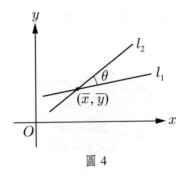

圖 4

事實上，由

$$\tan \theta = \frac{m_2 - m_1}{1 + m_2 m_1} = \frac{1 - \dfrac{m_1}{m_2}}{\dfrac{1}{m_2} + m_1} = \frac{1 - K}{\dfrac{K}{m_1} + m_1}$$

因為 θ 為銳角，$\tan \theta \geq 0$，即 $0 < K \leq 1$。

另外，從 $(\tan \theta + m_1)(K + m_1^2) = m_1 + m_1^3$ 可以繪出 $\tan \theta$ 與 K 之間的變化關係圖形（圖 5），從圖形中我們看出 $\tan \theta$ 是隨 K 值的增大而遞減；隨 K 值的減小而遞增。也可以說 θ 與 K 值成遞減關係。

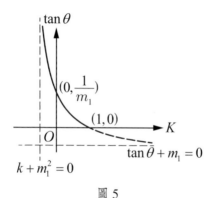

圖 5

既然 K 值的大小可以反映出 l_2 與 l_1 間的差異，而 l_2 與 l_1 間的差異又反映出諸點 P_i 靠攏 l_1 與 l_2 的趨向，因此 K 值的大小便反映出諸點 P_i 靠攏 l_1 與 l_2 的趨向程度。

由
$$K = \frac{m_1}{m_2} = \frac{[\sum(x_i - \overline{x})(y_i - \overline{y})]^2}{\sum(x_i - \overline{x})^2 \cdot \sum(y_i - \overline{y})^2} > 0$$

取
$$\sigma = \sqrt{K}$$

我們把 σ 稱作是兩個變量 x 與 y 之間的**相關係數**。

因此，兩個變量 x 與 y 間的相關係數便是反映諸點 $P_i(x_i, y_i)$ 靠攏迴歸直線的程度的一個數量。

大海的訊息

有我
便有了你
及
有關你的一切
當完成了我的任務
達成了我的使命
你也就同時
完成並達成了你的
任務及使命

因為
你是我的
一部份

第 25 章

$\sqrt{\alpha}$ 的近似分數與 $X^2 - \alpha Y^2 = 1$
的正整數解之間的關係

　　對於非完全平方的正整數 α，$\sqrt{\alpha}$ 是一個無理數。如果 $\dfrac{p}{q}$ 是 $\sqrt{\alpha}$ 的一個近似分數，則整數點 $(p,\,q)$ 將落在直線 $x - \sqrt{\alpha}\,y = 0$ 的附近。由於直線 $x - \sqrt{\alpha}\,y = 0$ 上不存有整數點。因此，尋找 $\sqrt{\alpha}$ 的近似分數，從幾何觀點來看，便是尋求 $x - \sqrt{\alpha}\,y = 0$ 附近的整數點，點取得愈接近直線，值的近似程度也就愈高。因為直線 $L : x - \sqrt{\alpha}\,y = 0$ 是雙曲線 Γ：$x^2 - \alpha y^2 = 1$ 的一條漸近線，為了逐次取得 $\sqrt{\alpha}$ 的更佳近似分數，我們能否從 Γ 上的某一整數點 $(p_1,\,q_1)$ 出發，沿著 Γ 逐步獲得一序列的整數點 $(p_2,\,q_2),\,(p_3,\,q_3),\,\cdots$，這些點是一點比一點更接近 L，相對的，$\dfrac{p_k}{q_k}$ 也就一個比一個更逼近 $\sqrt{\alpha}$？

　　本文先就 $\sqrt{3}$ 的特例，介紹三種不同的尋找近似分數的方法，比較它們逼近速度的快慢，從中觀察一些現象，之後，再進入一般 $\sqrt{\alpha}$ 的討論，探討三種方法之間彼此的因果關係。

$\sqrt{3}$ 的近似分數

方法㈠（牛頓法）：

　　取 $a_1 = 2$，由 $a_{k+1} = \dfrac{1}{2}\left(a_k + \dfrac{3}{a_k}\right)$，$k \in \mathbb{N}$

　　得近似分數列 $\langle a_k \rangle$ 為：

　　$a_1 = \dfrac{2}{1}$，$a_2 = \dfrac{7}{4}$，$a_3 = \dfrac{97}{56}$，$a_4 = \dfrac{18817}{10864}$，$a_5 = \dfrac{708158977}{408855776}$，$\cdots$

　　取 a_k 的最簡分數 $\dfrac{p_k}{q_k}$，相對地我們得到一序列整數點 $(p_k,\,q_k)$ 為：$(2,\,1),\,(7,\,4),\,(97,\,56),\,(18817,\,10864),\,\cdots$

方法㈡：取 $x_1 = 2$, $y_1 = 1$，由 $(2 + \sqrt{3})^k = x_k + y_k\sqrt{3}$, $k \in \mathbb{N}$

　　得一序列整數點 (x_k, y_k) 為：

　　$(2, 1)$, $(7, 4)$, $(26, 15)$, $(97, 56)$, $(362, 209)$, $(1351, 780)$, $(5042, 2911)$, $(18817, 10864)$, $\cdots$

　　令 $\dfrac{x_k}{y_k} = b_k$，相對地我們得到 $\sqrt{3}$ 的一個近似分數列 $\langle b_k \rangle$ 為：

　　$b_1 = \dfrac{2}{1}$, $b_2 = \dfrac{7}{4}$, $b_3 = \dfrac{26}{15}$, $b_4 = \dfrac{97}{56}$, $b_5 = \dfrac{362}{209}$, $b_6 = \dfrac{1351}{780}$,

　　$b_7 = \dfrac{5042}{2911}$, $\cdots$

方法㈢：把 $\sqrt{3}$ 表為循環連分數：$\sqrt{3} = [1, 1, 2, 1, 2, 1, 2, \cdots]$

　　其漸近分數為

$$c_1 = [1, 1] = 1 + \frac{1}{1} = \frac{2}{1}$$

$$c_2 = [1, 1, 2] = 1 + \cfrac{1}{1 + \cfrac{1}{2}} = \frac{5}{3}$$

$$c_3 = [1, 1, 2, 1] = \frac{7}{4}$$

$$c_4 = [1, 1, 2, 1, 2] = \frac{19}{11}$$

$$c_5 = [1, 1, 2, 1, 2, 1] = \frac{26}{15}$$

$$c_6 = [1, 1, 2, 1, 2, 1, 2] = \frac{71}{41}$$

　　我們得到 $\sqrt{3}$ 的漸近分數列 $\langle c_k \rangle$ 為：

　　$c_1 = \dfrac{2}{1}$, $c_2 = \dfrac{5}{3}$, $c_3 = \dfrac{7}{4}$, $c_4 = \dfrac{19}{11}$, $c_5 = \dfrac{26}{15}$, $c_6 = \dfrac{71}{41}$, $c_7 = \dfrac{97}{56}$, $\cdots$

　　取 c_k 的最簡分數 $\dfrac{u_k}{v_k}$，相對地我們得到一序列整數點 (u_k, v_k)

　　為：$(2, 1)$, $(5, 3)$, $(7, 4)$, $(19, 11)$, $(26, 15)$, $(71, 41)$, $(97, 56)$, $\cdots$

比較上面三種方法所得的結果，發現下列現象：

(1)方法(一) ≻ 方法(二) ≻ 方法(三)。(「≻」表示「逼近的速度快
　於」)。

(2)$\langle a_k \rangle$ 是 $\langle b_k \rangle$ 的子列，而 $\langle b_k \rangle$ 又是 $\langle c_k \rangle$ 的子列。

(3)點 (p_k, q_k) 與點 (x_k, y_k) 均位在曲線 $x^2 - 3y^2 = 1$ 上，而點
　(u_{2k-1}, v_{2k-1}) 位在 $x^2 - 3y^2 = 1$ 上，但是 (u_{2k}, v_{2k}) 則位在曲
　線 $x^2 - 3y^2 = -2$ 上

我們問：上面所敘的現象，對一般的 $\sqrt{\alpha}$（α 是非完全平方的正整
數）也會成立嗎？

$\sqrt{\alpha}$ 的近似分數

1.牛頓法求 $\sqrt{\alpha}$ 的近似值

在 x 軸上取點 $p_1(a_1, 0)$，其中 a_1
為一有理數，滿足 $a_1^2 > \alpha$（圖 1），過 P_1
沿 y 軸方向作直線交曲線 $C : y = x^2 - \alpha$
於點 Q_1，過 Q_1 作 C 之切線 l_1（斜率為
$2a_1$），l_1 與 x 軸之交點令為 P_2，其坐標
記為 $(a_2, 0)$；又過 P_2 沿 y 軸方向作直
線交 C 於點 Q_2，過 Q_2 又作 C 之切線 l_2
（斜率為 $2a_2$），l_2 與 x 軸之交點令為
P_3，其坐標記為 $(a_3, 0)$，如此繼續進
行，依序得到點列：$P_1, P_2, \cdots, P_k, \cdots$ 及切線列：$l_1, l_2, \cdots, l_k, \cdots$。
P_k 的坐標為 $(a_k, 0)$, l_k 的斜率為 $2a_k$。

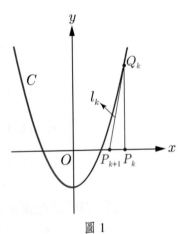

圖 1

　　a_k 與 a_{k+1} 的關係為 $a_{k+1} = \dfrac{1}{2}(a_k + \dfrac{\alpha}{a_k})$，因為 a_1 是有理數，所以 $a_2, a_3, \cdots, a_n$ 均為有理數。

　　把 a_k 表為分數 $\dfrac{p_k}{q_k}$ （$p_k, q_k \in \mathbb{N}$）時，

$$\frac{1}{2}(a_k + \frac{\alpha}{a_k}) = \frac{1}{2}(\frac{p_k}{q_k} + \frac{\alpha q_k}{p_k}) = \frac{p_k^2 + \alpha q_k^2}{2 p_k q_k}$$

取　　　　$$\begin{cases} p_k^2 + \alpha q_k^2 = p_{k+1} \\ 2 p_k q_k = q_{k+1} \end{cases}$$

則　　　　$$p_{k+1}^2 - \alpha q_{k+1}^2 = (p_k^2 + \alpha q_k^2)^2 - \alpha (2 p_k q_k)^2 = (p_k^2 - \alpha q_k^2)^2$$

因此，如果開始時所取之 $a_1 = \dfrac{p_1}{q_1}$ 滿足 $p_1^2 - \alpha q_1^2 = 1$ 的話（此時，顯然 p_1 與 q_1 互質），則對任意正整數 n, (p_n, q_n) 亦將滿足 $p_n^2 - \alpha q_n^2 = 1$（因之，p_n 與 q_n 也是互質），隨之有

$$(\frac{p_n}{q_n})^2 - \alpha = \frac{1}{q_n^2}$$

由於 q_n 隨著 n 的遞增而遞增，在 $n \to \infty$ 時，$q_n \to \infty$，因而 $n \to \infty$ 時，$\dfrac{p_n}{q_n} \to \sqrt{\alpha}$。以上的意思就是說：如果我們在雙曲線 $\Gamma : x^2 - \alpha y^2 = 1$ 上取點 (p_1, q_1) 出發，則由牛頓法逐次取得之整數點 $(p_2, q_2), (p_3, q_3), \cdots$ 是沿著 Γ 而逐漸接近直線 $x - \sqrt{\alpha} y = 0$。

⚫ 2.第二法求 $\sqrt{\alpha}$ 的近似值

　　在 x 軸上取點 $P_1' = (a_1', 0)$，其中 a_1' 為一有理數，滿足 $a_1'^2 > \alpha$（圖 2），過 P_1' 沿 y 軸方向作直線交曲線 $C : y = x^2 - \alpha$ 於點 Q_1'，過 Q_1' 作直

線 l_1'（斜率為 $a_1' + a_1'$），l_1' 與 x 軸之交點令為 P_2'，其坐標記為 $(a_2', 0)$；又過 P_2' 沿 y 軸方向作直線交 C 於點 Q_2'，過 Q_2' 作直線 l_2'（斜率為 $a_2' + a_1'$），l_2' 與 x 軸之交點令為 P_3'，其坐標記為 $(a_3', 0)$，如此繼續進行，依序得到點列：$P_1', P_2', \cdots, P_k', \cdots$ 及直線列：$l_1', l_2', \cdots, l_k', \cdots$。

P_k' 的坐標為 $(a_k', 0)$，l_k' 的斜率為 $a_k' + a_1'$。

l_k' 的方程式為

$$y - a_k'^2 + \alpha = (a_k' + a_1')(x - a_k')$$

它在 x 軸的截距就是

$$a_{k+1}' = a_k' + \frac{-a_k'^2 + \alpha}{a_k' + a_1'} = \frac{a_k' a_1' + \alpha}{a_k' + a_1'}$$

因為 a_1' 是有理數，所以 $a_2', a_3', \cdots, a_n'$ 均為有理數。

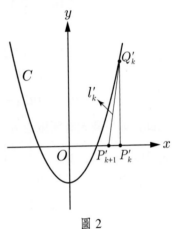

圖 2

把 a_k' 表為分數 $\dfrac{x_k}{y_k}$ $(x_k, y_k \in \mathbb{N})$ 時，

$$\frac{a_k' a_1' + \alpha}{a_k' + a_1'} = \frac{\dfrac{x_k}{y_k} \cdot \dfrac{x_1}{y_1} + \alpha}{\dfrac{x_k}{y_k} + \dfrac{x_1}{y_1}} = \frac{x_k x_1 + \alpha y_k y_1}{x_k y_1 + y_k x_1}$$

取 $\begin{cases} x_k x_1 + \alpha y_k y_1 = x_{k+1} \\ x_k y_1 + y_k x_1 = y_{k+1} \end{cases}$

則有

(1) $(x_1 + y_1\sqrt{\alpha})^n = x_n + y_n\sqrt{\alpha}$，$n$ 為任意正整數。

證明： ▶

用數學歸納法

$n = 1$ 時，顯然成立。

假設　$(x_1 + y_1\sqrt{\alpha})^k = x_k + y_k\sqrt{\alpha}$

則
$$(x_1 + y_1\sqrt{\alpha})^{k+1} = (x_1 + y_1\sqrt{\alpha})^k(x_1 + y_1\sqrt{\alpha})$$
$$= (x_k + y_k\sqrt{\alpha})(x_1 + y_1\sqrt{\alpha})$$
$$= (x_k x_1 + \alpha y_k y_1) + (x_k y_1 + y_k x_1)\sqrt{\alpha}$$
$$= x_{k+1} + y_{k+1}\sqrt{\alpha}$$

⑵由 $(x_1 + y_1\sqrt{\alpha})^n = x_n + y_n\sqrt{\alpha}$ 可推知

$$(x_1 - y_1\sqrt{\alpha})^n = x_n - y_n\sqrt{\alpha}$$

以上二式相乘得到 $x_n^2 - \alpha y_n^2 = (x_1^2 - \alpha y_1^2)^n$。因此，如果開始時所取之 $a_1' = \dfrac{x_1}{y_1}$ 滿足 $x_1^2 - \alpha y_1^2 = 1$ 的話（此時，顯然 x_1 與 y_1 互質），則對任意正整數 n, (x_n, y_n) 亦滿足 $x_n^2 - \alpha y_n^2 = 1$（因之，x_n 與 y_n 也是互質），隨之有 $(\dfrac{x_n}{y_n})^2 - \alpha = \dfrac{1}{y_n^2}$，因而在 $n \to \infty$ 時，$\dfrac{x_n}{y_n} \to \sqrt{\alpha}$，因此，如果我們在雙曲線 $\Gamma : x^2 - \alpha y^2 = 1$ 上取點 (x_1, y_1) 出發，則由第二法逐次取得之整數點 (x_2, y_2), (x_3, y_3), … 是沿著 Γ 而逐漸接近直線 $x - \sqrt{\alpha}y = 0$。

◯ 3.兩種方法的比較

⑴假定在牛頓法中所取的點 P_1 與在第二法中所取的點 P_1' 是相同的，即 $a_1 = a_1'$，則有點 $Q_1 \equiv$ 點 Q_1'，直線 $l_1 \equiv$ 直線 l_1'，隨之點 $P_2 \equiv$ 點 P_2'，$a_2 = a_2'$，但由 $a_2 < a_1$，推得 $2a_2 < a_2 + a_1$，也就是 l_2 的斜率 $< l_2'$ 的斜率，所以點 P_3 應比點 P_3' 更接近點 R $(\sqrt{\alpha}, 0)$。（見圖3）

實際上，

$$a_2 < a_1 \Rightarrow 2a_2 < a_2 + a_1$$

$\Rightarrow l_2$ 的斜率 $< l_2'$ 的斜率

$\Rightarrow a_3 < a_3'$

$\Rightarrow 2a_3 < a_3' + a_1$

$\Rightarrow l_3$ 的斜率 $< l_3'$ 的斜率

$\Rightarrow a_4 < a_4'$

$\vdots$

$\Rightarrow a_k < a_k'$

$\Rightarrow 2a_k < a_k' + a_1$

$\Rightarrow l_k$ 的斜率 $< l_k'$ 的斜率

$\Rightarrow a_{k+1} < a_{k+1}'$

$\vdots$

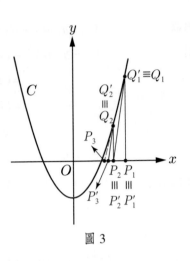

圖 3

也就是說，從相同的出發點，牛頓法 $\succ$ 第二法。

(2)在牛頓法中，
$$\begin{cases} p_{k+1} = p_k^2 + \alpha q_k^2 \\ q_{k+1} = 2p_k q_k \end{cases}$$

因此
$$p_{k+1} + q_{k+1}\sqrt{\alpha} = (p_k + q_k\sqrt{\alpha})^2$$

所以有
$$p_2 + q_2\sqrt{\alpha} = (p_1 + q_1\sqrt{\alpha})^2$$

$$p_3 + q_3\sqrt{\alpha} = (p_2 + q_2\sqrt{\alpha})^2$$

$$= (p_1 + q_1\sqrt{\alpha})^4$$

$$p_4 + q_4\sqrt{\alpha} = (p_3 + q_3\sqrt{\alpha})^2$$

$$= (p_1 + q_1\sqrt{\alpha})^8$$

$$\vdots$$

一般
$$p_n + q_n\sqrt{\alpha} = (p_1 + q_1\sqrt{\alpha})^{2^{n-1}}$$

即是說，從相同的近似分數 $\dfrac{x_1}{y_1} = a_1 = \dfrac{p_1}{q_1}$, $(x_1 = p_1,\ y_1 = q_1)$ 出發，如果利用第二法所得之 $\sqrt{\alpha}$ 的近似數列為：$a_1,\ a_2,\ a_3,\ a_4,\ \cdots,\ a_n$ 的話，則利用牛頓法所得之 $\sqrt{\alpha}$ 的近似數列為 $\langle a_n \rangle$ 的子列：

$$a_1,\ a_2,\ a_4,\ a_8,\ \cdots,\ a_{2^{k-1}},\ \cdots。$$

◯　4. $\sqrt{\alpha}$ 的連分數表式

(1) $\sqrt{\alpha}$ 可以表為一個循環連分數 $[a_0,\ a_1,\ a_2,\ \cdots,\ a_n,\ \cdots]$，將有限連分數 $[a_0,\ a_1,\ a_2,\ \cdots,\ a_n]$ 記為 $\dfrac{u_n}{v_n}$。

$$[a_0] = a_0$$

$$[a_0,\ a_1] = a_0 + \frac{1}{a_1} = \frac{a_1 a_0 + 1}{a_1}$$

$$[a_0,\ a_1,\ a_2] = a_0 + \cfrac{1}{a_1 + \cfrac{1}{a_2}} = \frac{a_2 a_1 a_0 + a_2 + a_0}{a_2 a_1 + 1}$$

$$\vdots$$

於是有

$$u_1 = a_1 a_0 + 1,\ v_1 = a_1$$

$$u_2 = a_2 u_1 + a_0,\ v_2 = a_2 v_1 + 1$$

如果令

$$u_0 = a_0,\ v_0 = 1$$

則一般有：

$$u_k = a_k u_{k-1} + u_{k-2}$$
$$v_k = a_k v_{k-1} + v_{k-2},\ k \in \mathbb{N},\ k \geq 2 \ ❶$$

(2) 在 (1) 中，$\dfrac{u_k}{v_k}$ 是 $\sqrt{\alpha}$ 的漸近分數，它們會滿足下面兩件事：

(ⅰ) $n \to \infty$ 時，$\dfrac{u_n}{v_n} \to \sqrt{\alpha}$。

(ⅱ) 存在一組正整數 $(u_k,\ v_k)$，它是 $x^2 - \alpha y^2 = 1$ 的解 ❷。

---

❶ 參見 <u>凡異</u>出版，<u>華羅庚</u>著 <u>數論導引</u>，第十章，§1。

把(ii)中所提的解取其最小者，作為是牛頓法中的 (p_1, q_1) 或是第二法中的 (x_1, y_1)，如此一來，我們便能夠確確實實從曲線 $\Gamma : x^2 - \alpha y^2 = 1$ 上的正整數點 (p_1, q_1)（即是 (x_1, y_1)）出發，沿著 Γ 逐步取得一序列整數點 (p_2, q_2), (p_3, q_3), $\cdots$（或是 (x_2, y_2)，(x_3, y_3), $\cdots$），這些點是一點比一點更接近直線 $L : x - \sqrt{\alpha}\, y = 0$，而相對的，分數 $\dfrac{p_k}{q_k}$（或是 $\dfrac{x_k}{y_k}$）也就一個比一個更逼近 $\sqrt{\alpha}$。

(3) 當我們從滿足 $x^2 - \alpha y^2 = 1$ 的整數點 (x_1, y_1) 出發，逐次取得的整數點 (x_2, y_2), (x_3, y_3), $\cdots$, (x_k, y_k), $\cdots$，由 2.(2) 知滿足 $x_k^2 - \alpha y_k^2 = 1$，也就是滿足 $|x_k^2 - \alpha y_k^2| = 1 < \sqrt{\alpha}$，因而這些分數 $\dfrac{x_k}{y_k}$ 也必是 $\sqrt{\alpha}$ 的漸近分數 ❸。這就說明了，從滿足 $x^2 - \alpha y^2 = 1$ 的整數點 $(x_1, y_1) = (p_1, q_1)$ 出發，採牛頓法所取得的整數點 (p_k, q_k) 集或是第二法所取得的整數點 (x_k, y_k) 集，都將是採第三法（也就是用 $\sqrt{\alpha}$ 的漸近分數）所取得之整數點 (u_k, v_k) 集的子集。

$X^2 - \alpha Y^2 = 1$ (Pell's equation) 的正整數解

1. 如果 (x_1, y_1) 是 $x^2 - \alpha y^2 = 1$ 的初始正整數解（即最小正整數解），則由第二法所逐次取得之整數對 (x_1, y_1), (x_2, y_2), $\cdots$, (x_k, y_k), $\cdots$ 就是 $x^2 - \alpha y^2 = 1$ 的所有正整數解。

下面兩個定理，給出此一事實的證明。

---

❷ 同❶，第十章，§2～§9。

❸ 同❶，第十章，§7。

定理 1

設 α 是非完全平方的正整數，且正整數對 (x_1, y_1) 滿足
$x_1^2 - \alpha y_1^2 = 1$，若正整數對 (x_n, y_n) 滿足
$x_n + y_n\sqrt{\alpha} = (x_1 + y_1\sqrt{\alpha})^n$，$n \in \mathbb{N}$，則 $x_n^2 - \alpha y_n^2 = 1$。

證明

由 $x_n + y_n\sqrt{\alpha} = (x_1 + y_1\sqrt{\alpha})^n \Rightarrow x_n - y_n\sqrt{\alpha} = (x_1 - y_1\sqrt{\alpha})^n$

以上二式相乘得 $x_n^2 - \alpha y_n^2 = (x_1^2 - \alpha y_1^2)^n = 1$ □

定理 2

設 α 是非完全平方的正整數，若數對 (x_1, y_1), (x_2, y_2), $\cdots$,
(x_k, y_k), $\cdots$ 是 $x^2 - \alpha y^2 = 1$ 的所有正整數解，其中
$x_1 < x_2 < \cdots < x_k < \cdots$，且 $y_1 < y_2 < \cdots < y_k < \cdots$，則對任意正
整數 n，恆有 $x_n + y_n\sqrt{\alpha} = (x_1 + y_1\sqrt{\alpha})^n$。

證明

(i) $(x_n + y_n\sqrt{\alpha})(x_1 - y_1\sqrt{\alpha})^n$

$= (x_n + y_n\sqrt{\alpha})(x_1 - y_1\sqrt{\alpha}) \cdot (x_1 - y_1\sqrt{\alpha})^{n-1}$

$= [(x_n x_1 - \alpha y_n y_1) + (y_n x_1 - x_n y_1)\sqrt{\alpha}] \cdot (x_1 - y_1\sqrt{\alpha})^{n-1}$

$= (a_1 + b_1\sqrt{\alpha})(x_1 - y_1\sqrt{\alpha})^{n-1}$

$\quad$ (取 $\begin{cases} x_n x_1 - \alpha y_n y_1 = a_1 \\ y_n x_1 - x_n y_1 = b_1 \end{cases}$)

$= (a_1 + b_1\sqrt{\alpha})(x_1 - y_1\sqrt{\alpha}) \cdot (x_1 - y_1\sqrt{\alpha})^{n-2}$

$$= [(a_1x_1 - \alpha b_1y_1) + (b_1x_1 - a_1y_1)\sqrt{\alpha}] \cdot (x_1 - y_1\sqrt{\alpha})^{n-2}$$

$$= (a_2 + b_2\sqrt{\alpha})(x_1 - y_1\sqrt{\alpha})^{n-2}$$

（取 $\begin{cases} a_1x_1 - \alpha b_1y_1 = a_2 \\ b_1x_1 - a_1y_1 = b_2 \end{cases}$）

$$\vdots$$

$$= (a_{n-1} + b_{n-1}\sqrt{\alpha})(x_1 - y_1\sqrt{\alpha})$$

（取 $\begin{cases} a_{n-2}x_1 - \alpha b_{n-2}y_1 = a_{n-1} \\ b_{n-2}x_1 - a_{n-2}y_1 = b_{n-1} \end{cases}$）

我們得到整數列 $(a_1, b_1), (a_2, b_2), \cdots, (a_{n-1}, b_{n-1})$

(ii) $a_1^2 - \alpha b_1^2 = (x_nx_1 - \alpha y_ny_1)^2 - \alpha(y_nx_1 - x_ny_1)^2$

$$= (x_n^2 - \alpha y_n^2)(x_1^2 - \alpha y_1^2)$$

$$= 1$$

$$a_2^2 - \alpha b_2^2 = (a_1x_1 - \alpha b_1y_1)^2 - \alpha(b_1x_1 - a_1y_1)^2$$

$$= (a_1^2 - \alpha b_1^2)(x_1^2 - \alpha y_1^2)$$

$$= 1$$

同理，我們得到 $a_3^2 - \alpha b_3^2 = a_4^2 - \alpha b_4^2 = \cdots = a_{n-1}^2 - \alpha b_{n-1}^2 = 1$

(iii) 由 $\qquad x_1^2 - \alpha y_1^2 = 1 = (x_1 + y_1\sqrt{\alpha})(x_1 - y_1\sqrt{\alpha})$

知 $\qquad x_1 - y_1\sqrt{\alpha} < 1$

隨之，由 $\qquad (x_n + y_n\sqrt{\alpha})(x_1 - y_1\sqrt{\alpha}) = a_1 + b_1\sqrt{\alpha}$

$$x_n + y_n\sqrt{\alpha} > a_1 + b_1\sqrt{\alpha} \qquad (e_1)$$

另外，由 $\qquad x_n^2 - \alpha y_n^2 = 1 = a_1^2 - \alpha b_1^2$

$$\Rightarrow (x_n + y_n\sqrt{\alpha})(x_n - y_n\sqrt{\alpha}) = (a_1 + b_1\sqrt{\alpha})(a_1 - b_1\sqrt{\alpha})$$

便得 $\qquad x_n - y_n\sqrt{\alpha} < a_1 - b_1\sqrt{\alpha}$

即 $\qquad -x_n + y_n\sqrt{\alpha} > -a_1 + b_1\sqrt{\alpha} \qquad (e_2)$

由 (e_1) 與 (e_2) 二式推知 $y_n > b_1$

再由　　　　　　$x_n^2 - \alpha y_n^2 = a_1^2 - \alpha b_1^2 = 1 \Rightarrow x_n^2 - a_1^2 = \alpha(y_n^2 - b_1^2)$

推知　　　　　　$x_n > a_1 \ (\begin{cases} a_1 > 0 \\ b_1 > 0 \end{cases}$ 可從下面第(iv)點得知$)$

同理，我們有　$\begin{cases} a_1 > a_2 \\ b_1 > b_2 \end{cases}, \begin{cases} a_2 > a_3 \\ b_2 > b_3 \end{cases}, \cdots, \begin{cases} a_{n-2} > a_{n-1} \\ b_{n-2} > b_{n-1} \end{cases}$

(iv)點 $H_1(x_1, y_1)$ 及點 $H_n(x_n, y_n)$ 落在雙

曲線 $\Gamma : x^2 - \alpha y^2 = 1$ 的第一象限部分，

而直線 $L : x - \sqrt{\alpha}\,y = 0$ 是 Γ 的一條漸

近線，因此，L 的斜率 $> \overline{OH_n}$ 的斜率 $>$

$\overline{OH_1}$ 的斜率，即 $\dfrac{1}{\sqrt{\alpha}} > \dfrac{y_n}{x_n} > \dfrac{y_1}{x_1}$

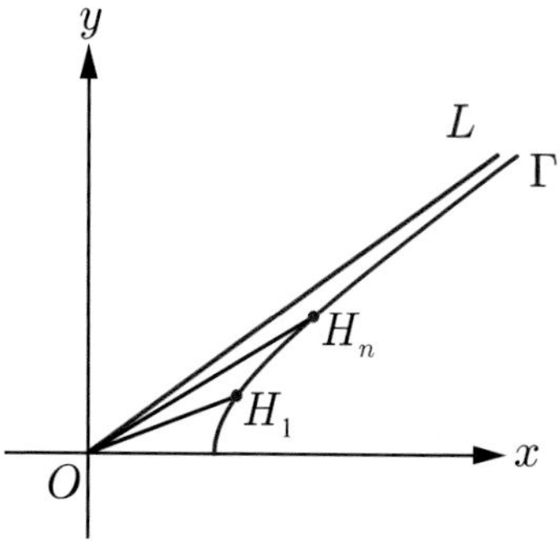

因此　$\begin{cases} \dfrac{1}{\alpha} > \dfrac{y_n}{x_n} \cdot \dfrac{y_1}{x_1} \\ y_n x_1 - x_n y_1 > 0 \end{cases}$

圖 4

於是得到 $a_1 > 0,\ b_1 > 0$

但是已知 (x_1, y_1) 是 $x^2 - \alpha y^2 = 1$ 的初始正整數解，因此 $a_1 \geq x_1,\ b_1 \geq y_1$。

同理，我們有

$$\begin{cases} a_2 \geq x_1 \\ b_2 \geq y_1 \end{cases}, \begin{cases} a_3 \geq x_1 \\ b_3 \geq y_1 \end{cases}, \cdots, \begin{cases} a_{n-1} \geq x_1 \\ b_{n-1} \geq y_1 \end{cases}$$

綜合以上(i)、(ii)、(iii)及(iv)點，我們得到數對 (a_{n-1}, b_{n-1}), (a_{n-2}, b_{n-2}), $\cdots$, (a_1, b_1)，它們都是 $x^2 - \alpha y^2 = 1$ 的正整數解，且滿足

$$\begin{cases} x_1 \leq a_{n-1} < a_{n-2} < a_{n-3} < \cdots < a_2 < a_1 < x_n \\ y_1 \leq b_{n-1} < b_{n-2} < b_{n-3} < \cdots < b_2 < b_1 < y_n \end{cases}$$

但是已知數對 (x_1, y_1), (x_2, y_2), $\cdots$, (x_n, y_n) 是 $x^2 - \alpha y^2 = 1$ 的首 n 組正整數解，它們滿足

$$x_1 < x_2 < x_3 < \cdots < x_{n-1} < x_n$$

$$y_1 < y_2 < y_3 < \cdots < y_{n-1} < y_n$$

因此而有

$$(a_1,\ b_1) = (x_{n-1},\ y_{n-1})$$
$$(a_2,\ b_2) = (x_{n-2},\ y_{n-2}),\ \cdots$$
$$(a_{n-1},\ b_{n-1}) = (x_1,\ y_1)$$

從(i)　　$(x_n + y_n\sqrt{\alpha})(x_1 - y_1\sqrt{\alpha})^n = (a_{n-1} + b_{n-1}\sqrt{\alpha})(x_1 - y_1\sqrt{\alpha})$

得　　$(x_n + y_n\sqrt{\alpha})(x_1 - y_1\sqrt{\alpha})^n = (x_1 + y_1\sqrt{\alpha})(x_1 - y_1\sqrt{\alpha}) = x_1^2 - \alpha y_1^2 = 1$

但是　　$(x_1 + y_1\sqrt{\alpha})^n(x_1 - y_1\sqrt{\alpha})^n = (x_1^2 - \alpha y_1^2)^n = 1$

故得　　$x_n + y_n\sqrt{\alpha} = (x_1 + y_1\sqrt{\alpha})^n$　　　　□

2. 運用軟體 SYMPHONY 找出 $x^2 - \alpha y^2 = 1$ 的初始正整數解：

根據上面兩定理知道，欲找 $x^2 - \alpha y^2 = 1$ 的正整數解，主要關鍵在找出它的初始正整數解 (x_1, y_1)，再經由 $x_k + y_k\sqrt{\alpha} = (x_1 + y_1\sqrt{\alpha})^k$，便可逐次找出所有解 $(x_1,\ y_1)$, $(x_2,\ y_2)$, $(x_3,\ y_3)$, $\cdots$。運用 SYMPHONY 的協助，我們容易找到這樣的初始解（註）。在附表中，我們列出了 α 從 2 至 99 的 $x^2 - \alpha y^2 = 1$ 的初始正整數解。

附　註

註

參見作者另文，用軟體 SYMPHONY 協助求不定方程 $ax - by = 1$ 及 $x^2 - \alpha y^2 = 1$ 的正整數解。科學教育月刊，第 134 期。

α	x	y	$x^2-\alpha y^2$	α	x	y	$x^2-\alpha y^2$
2	3	2	1	53	66249	9100	1
3	2	1	1	54	485	66	1
5	9	4	1	55	89	12	1
6	5	2	1	56	15	2	1
7	8	3	1	57	151	20	1
8	3	1	1	58	19603	2574	1
10	19	6	1	59	530	69	1
11	10	3	1	60	31	4	1
12	7	2	1	61	1766319049	226153980	1
13	649	180	1	62	63	8	1
14	15	4	1	63	8	1	1
15	4	1	1	65	129	16	1
17	33	8	1	66	65	8	1
18	17	4	1	67	48842	5967	1
19	170	39	1	68	33	4	1
20	9	2	1	69	7775	936	1
21	55	12	1	70	251	30	1
22	197	42	1	71	3480	413	1
23	24	5	1	72	17	2	1
24	5	1	1	73	2281249	267000	1
26	51	10	1	74	3699	430	1
27	26	5	1	75	26	3	1
28	127	24	1	76	57799	6630	1
29	9801	1820	1	77	351	40	1
30	11	2	1	78	53	6	1
31	1520	273	1	79	80	9	1
32	17	3	1	80	9	1	1
33	23	4	1	82	163	18	1
34	35	6	1	83	82	9	1
35	6	1	1	84	55	6	1
37	73	12	1	85	285769	30996	1
38	37	6	1	86	10405	1122	1
39	25	4	1	87	28	3	1
40	19	3	1	88	197	21	1
41	2049	320	1	89	500001	53000	1
42	13	2	1	90	19	2	1

43	3482	531	1	91	1574	165	1
44	199	30	1	92	1151	120	1
45	161	24	1	93	12151	1260	1
46	24335	3588	1	94	2143295	221064	1
47	48	7	1	95	39	4	1
48	7	1	1	96	49	5	1
50	99	14	1	97	62809633	6377352	1
51	50	7	1	98	99	10	1
52	649	90	1	99	10	1	1

從表中可以發現：

(1) $\alpha = n^2 - 1$ 時，初始解為 $(n, 1)$。

(2) $\alpha = n^2 - 2$ 時，初始解為 $(n^2 - 1, n)$。

(3) $\alpha = n^2 + n$ 時，初始解為 $(2n + 1, 2)$。

其中 $n \in \mathbb{N}$, $n \geq 2$。

大海的訊息

獲致解脫
我們得依靠真理
而非死亡
因為
死亡是虛無
而
真理是愛是恆存

第 26 章

談圓錐曲線的教學

　　圓錐曲線有各種等價的定義方法，本文我們採用準線與離心率的觀點來講述。不但更具統合性，而且也適用於一般二次曲線的分類討論。

圓錐曲線的兩種觀點

　　現行的高中數學課本，對於橢圓及雙曲線，都只有從焦半徑的觀點來定義，於是拋物線、橢圓與雙曲線被劃分成是完全不同的三類錐線。它們之間唯一有關的，僅是它們所表示的方程式形式都是二次，至於它們彼此被連繫在一起的整體觀，已經在一般教材中消失得無影無蹤。比如說：

> 拋物線被定義為平面上，到一定點之距離與到一定直線距離相等的動點軌跡。
>
> 橢圓被定義為平面上，到兩定點距離之和為一定值的動點軌跡。
>
> 雙曲線則被定義為平面上，到兩定點距離之差為一定值的動點軌跡。

　　從上述三個完全不一樣的定義出發，學生展開對三類錐線個別的認知，但是沒有觸及到它們的統整，這是相當可惜又令人遺憾的事。以前的教材，是利用準線與離心率這種觀點，把三類錐線統一起來，因此對三類錐線形狀的開口程度作出比較，並體現了豐富的幾何味道；在感覺上可產生一種完整而非支離破碎概念，使學生在學習中掌握住直覺，對其思維有較大的幫助。

　　其實，在現行之錐線的焦半徑定義中，再加上準線及離心率的定義，並不會增加學生什麼負擔，反而會對他們的幾何直觀產生正面效應。把錐線的定義統整為平面上，到一定點的距離與到一定直線的距離之比為一定值（即：離心率）的動點軌跡，並按比值分別為

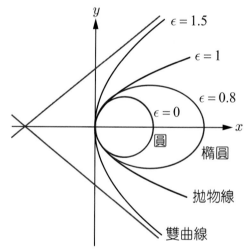

<1, =1, >1 而類別出三種錐線（見圖 1 及表）。要增加這種定義的介紹，並不需要在現行的教材中再另費周章地擴大篇幅及增加上課時間，它是很自然地隱含在焦半徑的觀點中，教師只須在上課中稍微說明、點醒學生，觀念就會很明白地呈現出來；並且這樣的一點工夫，還能讓我們很自然而方便地探討有關含 xy 項的二次曲線圖形及其相關訊息。我們知道，要掌握錐線的形狀與大小，最佳的資訊就是先掌握它的焦點、準線及離心率。由此，我們才明白，為什麼從準線及離心率的觀點來看錐線，對學習者是一件相當重要的事。

圖 1: 二次曲線之離心率及其圖形

表: 二次曲線之離心率

二次曲線	離心率
圓	$\varepsilon = 0$
橢圓	$0 < \varepsilon < 1$
拋物線	$\varepsilon = 1$
雙曲線	$\varepsilon > 1$

兩種觀點是相通的

如圖 2，在橢圓的焦半徑定義中，若已知的兩個定點為 $F_1(c, 0)$, $F_2(-c, 0)$, $c > 0$，而所取定值為 $2a$, $a > c$，那麼在尋求滿足 $\overline{PF_1} + \overline{PF_2} = 2a$ 的動點 P 之軌跡方程過程中，如果取 $P = (x, y)$，則有

$$\overline{PF_1} + \overline{PF_2} = 2a$$

$$\Leftrightarrow \sqrt{(x-c)^2 + y^2} + \sqrt{(x+c)^2 + y^2} = 2a \tag{1}$$

$$\Leftrightarrow \sqrt{(x+c)^2 + y^2} = 2a - \sqrt{(x-c)^2 + y^2}$$

$$\Leftrightarrow (x+c)^2 + y^2 = 4a^2 + (x-c)^2 + y^2 - 4a\sqrt{(x-c)^2 + y^2}$$

$$\Leftrightarrow \sqrt{(x-c)^2 + y^2} = \frac{c}{a} \frac{|cx - a^2|}{c} \tag{2}$$

上述所有推導的過程均為可逆，相信讀者可以明白。

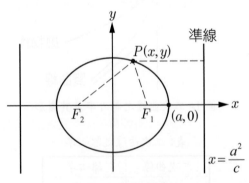

圖 2：橢圓圖形

我們看到(1)與(2)兩式邏輯等價，因此兩者在坐標平面上所表的圖形相同；但是兩者各有不同的幾何意義：前者表示動點 P 到 F_1 與 F_2

之距離和為定值 $2a$，後者表示動點 P 到 F_1 的距離與 P 到定直線 $x =$ $\dfrac{a^2}{c}$ 的距離的比是一個定值 $\dfrac{c}{a}$。這就說明了，不論是從焦半徑的觀點或是從準線與離心率的觀點，均可得到同樣的橢圓。

當然，⑴式也邏輯等價於下面一式：

$$\sqrt{(x+c)^2 + y^2} = \frac{c}{a} \frac{|cx + a^2|}{c}$$

這對應於橢圓的另一對焦點與準線。

對於雙曲線與拋物線的情形，道理也是一樣，不必再多贅言。

現行的教材中，不論是課本內容或是一般的練習題，凡涉及到錐線方程式時，幾乎絕大多數都避開了含 xy 項者，理由說是為了減輕學生負擔（至於現在學生的課業是否真的有了減輕，只須看看校內的測驗內容及補習班的講義就可明白）。這樣的理由還真令人啼笑皆非。有一位數學家打趣地說：天底下哪有這般便宜事，在你的觀測系統中，看到的錐線竟然都是標準式的？如果實際遇到的不是簡單的標準式情況，而是含 xy 項的二次方程，該怎麼辦呢？有人或許要提起把二次曲線標準化這檔事，但是標準化的學習對高中生來說可不是件小工程，絕對不是三言兩語就能交代清楚的。

三個例子

以下，先試著用幾個例子說明怎樣避開使用標準化的方法，而仍能掌握含 xy 項方程式的錐線圖形。

例題 1

方程式 $4x^2 + 12xy + 9y^2 + 4x - 20y - 8 = 0$ 所表的圖形是什麼樣的錐線? 試繪其圖形。

解答

首先，把原方程式改寫成

$$13[(x - \frac{10}{13})^2 + (y - \frac{2}{13})^2] = (3x - 2y - 4)^2$$

（如何改寫的，文章的後半會作出說明）

再化成

$$\sqrt{(x - \frac{10}{13})^2 + (y - \frac{2}{13})^2} = \frac{|3x - 2y - 4|}{\sqrt{13}}$$

此式表明動點 $P = (x, y)$ 到定點 $(\frac{10}{13}, \frac{2}{13})$ 的距離，等於 P 到定直線

$3x - 2y - 4 = 0$ 的距離; 因此，原式所表的圖形即是以點 $(\frac{10}{13}, \frac{2}{13})$ 為焦點，

以直線 $3x - 2y - 4 = 0$ 為準線的拋物線，它的圖形如圖 3 所示。

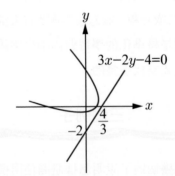

圖 3: $4x^2 + 12xy + 9y^2 + 4x - 20y - 8 = 0$ 之圖形

例題 2

方程式 $5x^2 - 6xy + 5y^2 - 4x - 4y - 4 = 0$ 所表的圖形是什麼樣的錐線？試繪其圖形。

解答

把原式改寫成

$$8[(x-1+\sqrt{\frac{3}{2}})^2 + (y-1+\sqrt{\frac{3}{2}})^2] = (\sqrt{3}x + \sqrt{3}y + 4\sqrt{2} - 2\sqrt{3})^2$$

再化為 $\sqrt{(x-1+\sqrt{\frac{3}{2}})^2 + (y-1+\sqrt{\frac{3}{2}})^2} = \frac{\sqrt{3}}{2} \dfrac{\left|\sqrt{3}x + \sqrt{3}y + 4\sqrt{2} - 2\sqrt{3}\right|}{\sqrt{6}}$

此式表明動點 $P = (x, y)$ 到定點 $(1 - \sqrt{\frac{3}{2}}, 1 - \sqrt{\frac{3}{2}})$ 的距離，與 P 到定直線 $\sqrt{3}x + \sqrt{3}y + 4\sqrt{2} - 2\sqrt{3} = 0$ 的距離的比是一個定值 $\frac{\sqrt{3}}{2}$，因此，原式所表的圖形即是以點 $(1 - \sqrt{\frac{3}{2}}, 1 - \sqrt{\frac{3}{2}})$ 為焦點，以直線 $\sqrt{3}x + \sqrt{3}y + 4\sqrt{2} - 2\sqrt{3} = 0$ 為準線的橢圓，它的圖形如圖 4 所示

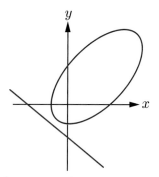

圖 4：$5x^2 - 6xy + 5y^2 - 4x - 4y - 4 = 0$ 之圖形

例題 3 ●

方程式 $7x^2 - 8xy + y^2 + 14x - 8y + 15 = 0$ 所表的圖形是什麼樣的錐線？試繪其圖形。

解答 ▶

首先，把原式改寫成

$$9[(x+\frac{7}{3})^2 + (y+\frac{8}{3})^2] = (\sqrt{2}x + 2\sqrt{2}y + 7\sqrt{2})^2$$

再化為 $\sqrt{(x+\frac{7}{3})^2 + (y+\frac{8}{3})^2} = \dfrac{\sqrt{10}}{3} \dfrac{|\sqrt{2}x + 2\sqrt{2}y + 7\sqrt{2}|}{\sqrt{10}}$

此式表明動點 $P = (x, y)$ 到定點 $(-\frac{7}{3}, -\frac{8}{3})$ 的距離，與 P 到定直線 $x + 2y + 7 = 0$ 的距離的比是一個定值 $\dfrac{\sqrt{10}}{3}$；因此，原式所表的圖形即是以 $(-\frac{7}{3}, -\frac{8}{3})$ 為焦點，以直線 $x + 2y + 7 = 0$ 為準線的雙曲線，它的圖形如圖 5 所示

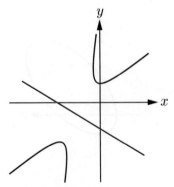

圖 5：$7x^2 - 8xy + y^2 + 14x - 8y + 15 = 0$ 之圖形　　□

按準線觀點對二次曲線的分類

上面三個例子，顯示出我們確可避開標準化的方法，直接利用式子的轉換，而判知一個二次方程式的圖形究竟是哪一種錐線，並繪出該錐線在坐標平面上的圖形。這種處理的方式，現在我們要把它應用到一般二次曲線分類的討論上，順便也交代上面例子中的式子是如何地被改寫。

一個二次曲線方程式 $Ax^2 + 2Bxy + Cy^2 + 2Dx + 2Ey + F = 0$，假想它被改寫成 $\lambda[(x-h)^2 + (y-k)^2] = (ax + by + c)^2$，其中 λ, h, k, a, b, c 都是待定數，則存在常數 t, $t \neq 0$，使

$$\begin{cases} \lambda - a^2 = At \\ \lambda - b^2 = Ct \\ -ab = Bt \end{cases} \tag{3}$$

及

$$\begin{cases} -(\lambda h + ac) = Dt \\ -(\lambda k + bc) = Et \\ \lambda(h^2 + k^2) - c^2 = Ft \end{cases} \tag{4}$$

由(3)得

$$a^2 - b^2 = (C - A)t$$

而

$$(a^2 + b^2)^2 = (a^2 - b^2)^2 + 4a^2b^2 = (C - A)^2 t^2 + 4B^2 t^2$$

得

$$a^2 + b^2 = \sqrt{(C - A)^2 + 4B^2}\,|t|$$

如果令

$$\mu = \sqrt{(C - A)^2 + 4B^2}$$

即得

$$\begin{cases} a^2 = \dfrac{\mu|t| + (C-A)t}{2} \\[2mm] b^2 = \dfrac{\mu|t| - (C-A)t}{2} \\[2mm] \lambda = \dfrac{\mu|t| + (C+A)t}{2} \end{cases} \qquad (公式一)$$

由(4)得

$$\begin{cases} \lambda h = -(ac + Dt) \\ \lambda k = -(bc + Et) \end{cases} \qquad (公式二)$$

因而　　　　　$\lambda^2(h^2 + k^2) = (ac + Dt)^2 + (bc + Et)^2$

所以　　　　　$\lambda c^2 - [(ac + Dt)^2 + (bc + Et)^2] + \lambda Ft = 0$

即　　$(\lambda - a^2 - b^2)c^2 - 2(aDt + bEt)c - (D^2t^2 + E^2t^2 - \lambda Ft) = 0$ 　　　(5)

　　(5)式是一個 c 的多項式方程式，其解的個數將影響原方程式 $Ax^2 + 2Bxy + Cy^2 + 2Dx + 2Ey + F = 0$ 所表錐線的種類，因此特別討論說明如下：

　　　我們知道，拋物線僅有一對焦點與準線，而橢圓與雙曲線則各有兩對。因此在被改寫成的式子 $\lambda[(x-h)^2 + (y-k)^2] = (ax + by + c)^2$ 中，如果它的圖形是分別對應拋物線、橢圓及雙曲線，則相應的 c 值亦應分別有一解、兩解及兩解；從而 (e_6) 式中 c 解的個數也就分別對應出一解、兩解及兩解。(e_6) 式有一解的條件是 $\lambda - a^2 - b^2 = 0$，$aD + bE \neq 0$；有兩解的條件是 $\lambda - a^2 - b^2 \neq 0$，且其判別式 $\Delta > 0$，其中

$$\begin{aligned} \Delta &= (aDt + bEt)^2 + (\lambda - a^2 - b^2)(D^2t^2 + E^2t^2 - \lambda Ft) \\ &= 2abDEt^2 + (\lambda - b^2)D^2t^2 + (\lambda - a^2)E^2t^2 - (\lambda - a^2 - b^2)\lambda Ft \\ &= -2BDEt^3 + CD^2t^3 + AE^2t^3 + (B^2 - AC)Ft^3 \\ &= -\begin{vmatrix} A & B & D \\ B & C & E \\ D & E & F \end{vmatrix} t^3 \end{aligned}$$

這裡要特別提出的是，由於 $\Delta > 0$，因此，原式 $Ax^2 + 2Bxy + Cy^2$

$+ 2Dx + 2Ey + F = 0$ 中的行列式 $\begin{vmatrix} A & B & D \\ B & C & E \\ D & E & F \end{vmatrix}$，其值如果大於 0，則取

$t < 0$；反之，其值如果小於 0，則取 $t > 0$。

此外，我們也從

$$\lambda - a^2 - b^2 = 0$$
$$\Leftrightarrow \lambda = \mu|t|$$
$$\Leftrightarrow \mu|t| = (A + C)t$$
$$\Leftrightarrow \mu^2 = (A + C)^2$$
$$\Leftrightarrow B^2 = AC$$

的推導中，看到

$$\lambda = a^2 + b^2 \text{ 邏輯等價於 } B^2 = AC；$$
$$\lambda > a^2 + b^2 \text{ 邏輯等價於 } B^2 < AC；$$
$$\lambda < a^2 + b^2 \text{ 邏輯等價於 } B^2 > AC。$$

另外，把方程式 $\lambda[(x - h)^2 + (y - k)^2] = (ax + by + c)^2$ 進一步化為

$$\sqrt{(x - h)^2 + (y - k)^2} = \sqrt{\frac{a^2 + b^2}{\lambda}} \frac{|ax + by + c|}{\sqrt{a^2 + b^2}}$$

也就是我們從準線與離心率的觀點，來看二次方程式的圖形，便得到下列的結果：

(i) $B^2 = AC \leftrightarrow \lambda = a^2 + b^2 \leftrightarrow$ 離心率等於 1 $\leftrightarrow$ 拋物線

(ii) $B^2 < AC \leftrightarrow \lambda > a^2 + b^2 \leftrightarrow$ 離心率小於 1 $\leftrightarrow$ 橢圓

(iii) $B^2 > AC \leftrightarrow \lambda < a^2 + b^2 \leftrightarrow$ 離心率大於 1 $\leftrightarrow$ 雙曲線

以上的結論即是所謂二次曲線的分類。

現在回到前述的三個例子，看看式子是如何被改寫的。

在例題 1 中，行列式 $\begin{vmatrix} A & B & D \\ B & C & E \\ D & E & F \end{vmatrix} < 0$，故取 $t > 0$，我們取 $t = 1$，並

從（公式一）中得到 $a^2 = 9$, $b^2 = 4$, $\lambda = 13$

由於 $ab = -B = -6$，故取 $a = 3$, $b = -2$

另外，則由(5)式中，解 $c + 4 = 0$，得到 $c = -4$，隨之由（公式二）得到

$h = \dfrac{10}{13}$, $k = \dfrac{2}{13}$。

在例題 2 中，行列式 $\begin{vmatrix} A & B & D \\ B & C & E \\ D & E & F \end{vmatrix} < 0$，故取 $t > 0$，我們取 $t = 1$，並從

（公式一）中得到 $a^2 = 3$, $b^2 = 3$, $\lambda = 8$

由於 $ab = -B = 3$，故取 $a = \sqrt{3}$, $b = \sqrt{3}$

另外，則由(5)式中，解 $c^2 + 4\sqrt{3}\,c - 20 = 0$，得到 $c = -2\sqrt{3} \pm 4\sqrt{2}$，隨之

由（公式二）得到對應之 $(h, k) = (1 - \sqrt{\dfrac{3}{2}},\ 1 - \sqrt{\dfrac{3}{2}})$ 及

$(1 + \sqrt{\dfrac{3}{2}},\ 1 + \sqrt{\dfrac{3}{2}})$。

在例題 3 中，行列式 $\begin{vmatrix} A & B & D \\ B & C & E \\ D & E & F \end{vmatrix} < 0$，故取 $t > 0$，我們取 $t = 1$，並從

（公式一）中得到 $a^2 = 2$, $b^2 = 8$, $\lambda = 9$

由於 $ab = -B = 4$，故取 $a = \sqrt{2}$, $b = 2\sqrt{2}$

另外，則由(5)式中，解 $c^2 - 2\sqrt{2}\,c - 70 = 0$，得到 $c = 7\sqrt{2}$ 及 $-5\sqrt{2}$，隨

之由（公式二）得到對應之 $(h, k) = (-\dfrac{7}{3},\ -\dfrac{8}{3})$ 及 $(\dfrac{1}{3},\ \dfrac{8}{3})$。

整體觀的重要性

　　做數學要有感覺，數學才能做得好。要形成感覺，學習就須建立整體觀，而不是只會在支離破碎的成堆解題中尋找技巧。我們的數學教育，在考試的巨大壓力下，目標被扭曲變形已久，不知何時才能恢復正常面目，想來就叫人感傷。盼望本文的觀點能帶給教與學兩方面的幫助。

大海的訊息

即使它是現實中的真實

我的心仍是可以

超越它

而不是

陷溺其中

受其掌控

成為它的役奴

第 27 章

固有值怎麼教?

前　言

一個二次曲線方程式的一般式是

$$Ax^2 + 2Bxy + Cy^2 + 2Dx + 2Ey + F = 0$$

在非特異的情形下欲將此式標準化的意思,即在尋求一個新的坐標系,使在此新坐標系的觀點下該二次曲線的方程式可寫成標準式。利用固有值的方法,目的即在消去式中的 xy 項,若欲消去 x, y 的一次項,則可借用坐標平移。本文目的在介紹如何利用固有值的方法消去 xy 項,故將討論範圍縮減到不含一次項的二次式 $Ax^2 + 2Bxy + Cy^2$。

方法的分析

首先令自然坐標系為 $S_\circ \equiv (O; i_1, i_2)$,在此坐標系下,二次式為

$$Q(x, y) = Ax^2 + 2Bxy + Cy^2$$

現在,目標在尋求一正交坐標系 $S \equiv (O; e_1, e_2)$,使在 S 觀點下的 $Q(x, y)$,可寫為 $Q(x, y) = Q(x', y')_S = \lambda_1 x'^2 + \lambda_2 y'^2$,其中 $(x, y) = (x', y')_s$(並令為 X,即 $X = (x, y) = (x', y')_S$,此時以向量 X 表 (x, y) 及 $(x', y')_S$ 純為方便計,因底下要以線性映射的觀點來看 $Q(x, y)$)。

因 $Ax^2 + 2Bxy + Cy^2 = (Ax + By, \ Bx + Cy) \cdot (x, y)$（內積）

$$= (x, y) \begin{pmatrix} A & B \\ B & C \end{pmatrix} \cdot (x, y)$$

（令 $\begin{pmatrix} A & B \\ B & C \end{pmatrix}$ 為某一線性映射 T 之方陣，即 $[T] = \begin{pmatrix} A & B \\ B & C \end{pmatrix}$，）

則 $Q(x, y) = Q(X)$ 可改寫為：$Q(X) = Q(x, y) = T(X) \cdot X$。

既然我們的目標在找出一個坐標系 $S \equiv (O; \ e_1, \ e_2)$ 使 $Q(X)$ 在 S 觀點下可寫為 $Q(X) = \lambda_1 x'^2 + \lambda_2 y'^2$，所以我們不妨先假設 S 的存在，看看其中的 e_1, e_2 應滿足何種條件。我們作如下的分析：

$$Q(X) = T(X) \cdot X \Rightarrow Q(X) = T(x', \ y')_S \cdot (x', \ y')_S$$
$$\Rightarrow Q(X) = T(x'e_1 + y'e_2) \cdot (x'e_1 + y'e_2)$$
$$= (x'T(e_1) + y'T(e_2)) \cdot (x'e_1 + y'e_2) \ \text{（利用線性條件）}$$
$$\Rightarrow Q(X) = x'^2 T(e_1) \cdot e_1 + y'^2 T(e_2) \cdot e_2 + x'y'(T(e_1) \cdot e_2 + T(e_2) \cdot e_1)$$

既然我們希望 $Q(X)$ 能寫為 $\lambda_1 x'^2 + \lambda_2 y'^2$，因此我們發現如果 e_1, e_2 滿足下列這個條件便可達到我們的目的：

$$\begin{cases} T(e_1) = \lambda_1 e_1 \\ T(e_2) = \lambda_2 e_2 \end{cases} \tag{1}$$

理由是：如果 $T(e_1) = \lambda_1 e_1, \ T(e_2) = \lambda_2 e_2$，則

$\begin{cases} T(e_1) \cdot e_1 = \lambda_1 e_1 \cdot e_1 = \lambda_1 \\ T(e_2) \cdot e_2 = \lambda_2 e_2 \cdot e_2 = \lambda_2 \end{cases}$，而 $\begin{cases} T(e_1) \cdot e_2 = \lambda_1 e_1 \cdot e_2 = 0 \\ T(e_2) \cdot e_1 = \lambda_2 e_2 \cdot e_1 = 0 \end{cases}$

（注意：$e_1 \cdot e_1 = |e_1|^2 = 1 = e_2 \cdot e_2$ 而 $e_1 \perp e_2 \Rightarrow e_1 \cdot e_2 = 0$）

現在的問題變成：如何從(1)中找出 λ_1, λ_2 及 e_1, e_2 而已。再分析如下：

我們要找出 e_1, e_2 來，不妨假設 $e_1 = (\alpha, \beta)$，則由(1)的第一式有

$$T(e_1) = \lambda_1 e_1 \Rightarrow T(\alpha, \beta) = \lambda_1(\alpha, \beta) \Rightarrow (\alpha, \beta)\begin{pmatrix} A & B \\ B & C \end{pmatrix} = (\lambda_1\alpha, \lambda_1\beta)$$

$$\Rightarrow (\alpha A + \beta B, \alpha B + \beta C) - (\lambda_1\alpha, \lambda_1\beta) = \vec{0}$$

$$\Rightarrow \begin{cases} \alpha A + \beta B - \lambda_1\alpha = 0 \\ \alpha B + \beta C - \lambda_1\beta = 0 \end{cases} \Rightarrow \begin{cases} (A - \lambda_1)\alpha + B\beta = 0 \\ B\alpha + (C - \lambda_1)\beta = 0 \end{cases} \tag{2}$$

所以欲找的 e_1 只是(2)的一組解而已，而欲從(2)求出解 (α, β)，則須先知道 λ_1 方可。我們發現(2)中有非零解 (α, β) 的條件是

$$\begin{vmatrix} A - \lambda_1 & B \\ B & C - \lambda_1 \end{vmatrix} = 0$$

同理，從(1)的第二式中我們也得到 $e_2 = (\gamma, \delta)$ 是

$$\begin{cases} (A - \lambda_2)\gamma + B\delta = 0 \\ B\gamma + (C - \lambda_2)\delta = 0 \end{cases} \tag{3}$$

的一組解，而此解 $(\gamma, \delta) \neq (0, 0)$ 的條件是

$$\begin{vmatrix} A - \lambda_2 & B \\ B & C - \lambda_2 \end{vmatrix} = 0$$

綜合上述的分析，知道 λ_1, λ_2 是方程式 $\begin{vmatrix} A - \lambda & B \\ B & C - \lambda \end{vmatrix} = 0$ 的二個根，若 λ_1, λ_2 已求出，代入(2), (3)即可求出所欲找之 e_1, e_2。

另外，(2)之解本有無限多（因為 $\begin{vmatrix} A - \lambda_1 & B \\ B & C - \lambda_1 \end{vmatrix} = 0$），但我們所

需者乃 (α, β) 為一單位向量，故可找出二解：

$$e_1 = (\alpha, \beta) \text{ 及 } -e_1 = (-\alpha, -\beta)。$$

又從(3)中亦可找出二解：$e_2 = (\gamma, \delta)$ 及 $-e_2 = (-\gamma, -\delta)$。這 e_1, $-e_1$, e_2, $-e_2$ 共可配成四組 (e_1, e_2), $(e_1, -e_2)$, $(-e_1, e_2)$, $(-e_1, -e_2)$，每組都可作為我們所欲尋找的坐標系 S 的基底。

其實，欲尋求 S 使 $Q(x, y)$ 在 S 觀點下可寫為標準式，這樣的 S 一共有八種的可能情形。這個事實讓我們以下列的實例來說明。

例：已知 $Q(x, y) = 3x^2 + 4xy + 6y^2$，其中 $A = 3$, $B = 2$, $C = 6$

今從 $\begin{vmatrix} A - \lambda & B \\ B & C - \lambda \end{vmatrix} = 0$ 中解出二解 λ，即 $\begin{vmatrix} 3 - \lambda & 2 \\ 2 & 6 - \lambda \end{vmatrix} = 0$

得 $\lambda_1 = 7$, $\lambda_2 = 2$（或 $\lambda_1 = 2$, $\lambda_2 = 7$）

今先以 $\lambda_1 = 7$, $\lambda_2 = 2$ 來討論：

將 $\lambda_1 = 7$ 代入(2)得 $\begin{cases} -4\alpha + 2\beta = 0 \\ 2\alpha - \beta = 0 \end{cases}$

解得 $e_1 = (\dfrac{1}{\sqrt{5}}, \dfrac{2}{\sqrt{5}})$ 或 $-e_1 = (-\dfrac{1}{\sqrt{5}}, -\dfrac{2}{\sqrt{5}})$

將 $\lambda_2 = 2$ 代入(3)得 $\begin{cases} \gamma + 2\delta = 0 \\ 2\gamma + 4\delta = 0 \end{cases}$

解得 $e_2 = (-\dfrac{2}{\sqrt{5}}, \dfrac{1}{\sqrt{5}})$ 或 $-e_2 = (\dfrac{2}{\sqrt{5}}, -\dfrac{1}{\sqrt{5}})$

因此所欲尋找之 S 可為下列四個中之一個：

$(O; e_1, e_2)$, $(O; e_1, -e_2)$, $(O; -e_1, e_2)$, $(O; -e_1, -e_2)$

而無論所取為哪一個，關於 S 之標準式則恆為

$$Q(x', y') = 7x'^2 + 2y'^2$$

至若以 $\lambda_1 = 2$, $\lambda_2 = 7$ 來討論，則有：

將 $\lambda_1 = 2$ 代入(2)得 $\begin{cases} \alpha + 2\beta = 0 \\ 2\alpha + 4\beta = 0 \end{cases}$

解得 $u_1 = (-\dfrac{2}{\sqrt{5}}, \dfrac{1}{\sqrt{5}})$ 或 $-u_1 = (\dfrac{2}{\sqrt{5}}, -\dfrac{1}{\sqrt{5}})$

將 $\lambda_2 = 7$ 代入(3)得 $\begin{cases} -4\gamma + 2\delta = 0 \\ 2\gamma - \delta = 0 \end{cases}$

解得 $u_2 = (\dfrac{1}{\sqrt{5}}, \dfrac{2}{\sqrt{5}})$ 或 $-u_2 = (-\dfrac{1}{\sqrt{5}}, -\dfrac{2}{\sqrt{5}})$

而所欲尋找之 S，則可為下列四個中之一個：

$(O; u_1, u_2)$, $(O; u_1, -u_2)$, $(O; -u_1, u_2)$, $(O; -u_1, -u_2)$

而無論所取為哪一個，關於 S 之標準式則恆為

$$Q(x', y') = 2x'^2 + 7y'^2$$

因此我們得到結論：欲將 $Q(x, y) = 3x^2 + 4xy + 6y^2$ 化為標準式，則所選之 S 可為上列所述之八個中的任何一個。　　　□

現在讓我們進一步來看看這八個新坐標系與原自然坐標系

$$S_。= (O; i_1, i_2)$$

的關係為何？（底下以圖解說明之）

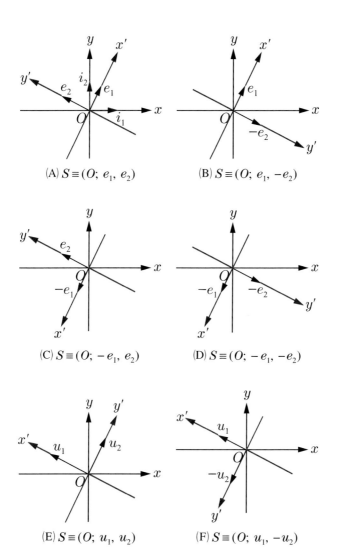

(A) $S \equiv (O;\ e_1,\ e_2)$　(B) $S \equiv (O;\ e_1,\ -e_2)$

(C) $S \equiv (O;\ -e_1,\ e_2)$　(D) $S \equiv (O;\ -e_1,\ -e_2)$

(E) $S \equiv (O;\ u_1,\ u_2)$　(F) $S \equiv (O;\ u_1,\ -u_2)$

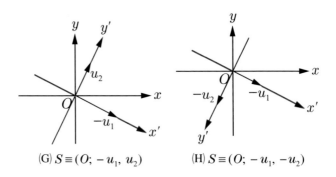

(G) $S \equiv (O; -u_1, u_2)$ (H) $S \equiv (O; -u_1, -u_2)$

顯然，上列的八個 S，其中的(A)，(D)，(F)，(G)所表的坐標系 S，是原來自然坐標系

$$S_0 \equiv (O; i_1, i_2)$$

經平面的旋轉而成；而(B)，(C)，(E)，(H)所表之 S 則是原來之 S_0 經平面的鏡射而成。因此我們可以這麼說：

　　對於一個二次式 $Ax^2 + 2Bxy + Cy^2$，我們可利用平面上的定心剛性運動（旋轉或鏡射）找出一個新坐標系 S，使這個二次式在 S 的觀點下可寫為標準式。

後　語

　　在這個問題處理過程中，從頭至尾，我們沒有用到「固有值」、「固有向量」這些名詞。但通常像式子(1)中的 λ_1，λ_2 就稱為線性映射 T 的固有值，而 e_1，e_2 則分別是 λ_1，λ_2 所對應 T 之固有向量。因此我們仍然將上述處理的方法叫做利用固有值理論將二次式標準化的方法。

　　另外，一個形如 $Ax^2 + 2Bxy + Cy^2 + F = 0$ 的二次方程式，在化為

標準式的過程中，由於由定心剛性運動所產生之新坐標系 S 與原坐標系 S。間之坐標變換不改變常數項 F，所以當 $Ax^2 + 2Bxy + Cy^2$ 的標準化為 $\lambda_1 x'^2 + \lambda_2 y'^2$ 時，$Ax^2 + 2Bxy + Cy^2 + F = 0$ 則標準化為 $\lambda_1 x'^2 + \lambda_2 y'^2 + F = 0$。譬如當二次方程式為 $3x^2 + 4xy + 6y^2 - 1 = 0$，則經標準化之結果即為 $7x'^2 + 2y'^2 - 1 = 0$ 或 $2x'^2 + 7y'^2 - 1 = 0$。

大海的訊息

我只是以不同的形式

角色

不斷地重複

過去了的記憶

因而看似

經歷了不同的空間

以及

流變的時間

第 28 章

共四點二次曲線系

學過解析幾何的都知道：

平面上，已知有兩直線 $\begin{matrix} L_1:f_1(x,y)=0 \\ L_2:f_2(x,y)=0 \end{matrix}$ （x,y 的一次式）

相交於 P 點，如果 $L:f(x,y)=0$ 是過 P 的任一直線，那麼有下列的事實：

存在兩個不全為零的實數 α 與 β，使

$$f(x,y)=\alpha f_1(x,y)+\beta f_2(x,y) \text{（註1）}$$

進一步的情形是：

平面上，已知有兩圓 $\begin{matrix} C_1:g_1(x,y)=0 \\ C_2:g_2(x,y)=0 \end{matrix}$ （形如 $x^2+y^2+Dx+Ey+F=0$）

相交於 P,Q 兩點，如果 $C:g(x,y)=0$ 是過 P 與 Q 的任一圓，那麼有下列的事實：

存在兩個不全為零的實數 α 與 β，使

$$g(x,y)=\alpha g_1(x,y)+\beta g_2(x,y) \text{（註2）}$$

上列的事實，不僅顯示了用已知來表達未知的「以簡御繁」精神，而且在實際問題的處理上更具有極大的方便。因此更深入的去想，便不免提起兩點疑問：

1.如果兩圓 C_1 與 C_2 是相切於一點時，上列的事實也成立嗎？

2.如果將兩圓分別改換成兩個二次曲線時，會得到什麼樣的結論？

下面的例子，給了第一個問題的否定答案：

兩圓 $\begin{matrix} C_1:x^2+y^2-2x=0 \\ C_2:x^2+y^2+2x=0 \end{matrix}$ 相切於點 $O(0,0)$

又圓 $C:x^2+y^2-2y=0$ 是過 O 的一圓。

顯然，無法找到兩個實數 α, β，使

$$x^2 + y^2 - 2y = \alpha(x^2 + y^2 - 2x) + \beta(x^2 + y^2 + 2x)$$

否則將會導致 $-2 = 0$（比較兩邊 y 項的係數）的矛盾。

改用「自由度」的觀點來看第一個問題更為深刻：

如果兩圓 $\begin{array}{l} C_1 : g_1(x,\ y) = 0 \\ C_2 : g_2(x,\ y) = 0 \end{array}$ 相切於 P 點

那麼方程式為 $\alpha g_1(x,\ y) + \beta g_2(x,\ y) = 0$（$\alpha$, β 不全為零）的圓，其在平面上的自由度是 1。但是，過 P 點的圓，在平面上的自由度卻是 2。

上面利用「自由度」觀點處理問題的想法，使我們在考慮第二個問題時，應有一些準備，就是我們必須交代清楚，我們所考慮的兩條二次曲線到底有多少個交點？通常，兩條二次曲線的交點有四個。

但是也有交點是三個、兩個或一個的情形；這時候，按「自由度」的觀點來看，如果通過所有交點的一條二次曲線，其自由度超過 1 的話，那麼這條二次曲線的方程式便不能用原來兩條曲線的方程式的線性組合形式來表示。

一般說來，五點決定一個二次曲線。

因此，假定有兩條相交於四點（這四點中無三點會共線）（註 3）的已知二次曲線：

$$\Gamma_1 : F_1(x,\ y) = 0$$
$$\Gamma_2 : F_2(x,\ y) = 0$$

那麼，通過該四點的其他一條二次曲線，一般來說，其自由度是 1。

因此，我們關心的乃是：這樣的一條二次曲線 $F(x, y) = 0$ 是否必定滿足下列的陳述：

存在兩個不全為零的實數 α 與 β，使

$$F(x, y) = \alpha F_1(x, y) + \beta F_2(x, y)$$

在肯定這個答案之前，我們想通過線性映射與向量的內積等觀點來變化問題的形式：

⑴兩個二次曲線 $\Gamma_1 : A_1 x^2 + 2B_1 xy + C_1 y^2 + 2D_1 x + 2E_1 y + F_1 = 0$

$\Gamma_2 : A_2 x^2 + 2B_2 xy + C_2 y^2 + 2D_2 x + 2E_2 y + F_2 = 0$

相交於四點：$P_1(x_1, y_1), P_2(x_2, y_2), P_3(x_3, y_3), P_4(x_4, y_4)$

這件事實，可以改裝成如下的諸式：

$$(x_i, y_i, 1) \begin{pmatrix} A_1 & B_1 & D_1 \\ B_1 & C_1 & E_1 \\ D_1 & E_1 & F_1 \end{pmatrix} \cdot (x_i, y_i, 1) = 0$$

$$(x_i, y_i, 1) \begin{pmatrix} A_2 & B_2 & D_2 \\ B_2 & C_2 & E_2 \\ D_2 & E_2 & F_2 \end{pmatrix} \cdot (x_i, y_i, 1) = 0$$
, $i = 1, 2, 3, 4$

⑵如果二次曲線 $\Gamma : Ax^2 + 2Bxy + Cy^2 + 2Dx + 2Ey + F = 0$ 也通過 P_1, P_2, P_3, P_4 四點，那麼：

$$(x_i, y_i, 1) \begin{pmatrix} A & B & D \\ B & C & E \\ D & E & F \end{pmatrix} \cdot (x_i, y_i, 1) = 0, \ i = 1, 2, 3, 4 \ 也成立。$$

⑶存在兩個實數 α 與 β，使

$$\alpha(A_1x^2 + 2B_1xy + C_1y^2 + 2D_1x + 2E_1y + F_1)$$
$$+ \beta(A_2x^2 + 2B_2xy + C_2y^2 + 2D_2x + 2E_2y + F_2)$$
$$= Ax^2 + 2Bxy + Cy^2 + 2Dx + 2Ey + F$$

這個敘述可改寫成：

　　存在兩個實數 α 與 β，使

$$\alpha\begin{pmatrix} A_1 & B_1 & D_1 \\ B_1 & C_1 & E_1 \\ D_1 & E_1 & F_1 \end{pmatrix} + \beta\begin{pmatrix} A_2 & B_2 & D_2 \\ B_2 & C_2 & E_2 \\ D_2 & E_2 & F_2 \end{pmatrix} = \begin{pmatrix} A & B & D \\ B & C & E \\ D & E & F \end{pmatrix}$$

⑷令 $f_1 = \begin{pmatrix} A_1 & B_1 & D_1 \\ B_1 & C_1 & E_1 \\ D_1 & E_1 & F_1 \end{pmatrix}$, $f_2 = \begin{pmatrix} A_2 & B_2 & D_2 \\ B_2 & C_2 & E_2 \\ D_2 & E_2 & F_2 \end{pmatrix}$, $f = \begin{pmatrix} A & B & D \\ B & C & E \\ D & E & F \end{pmatrix}$

那麼原先我們關心的問題便改敘成如下的命題形式：

定　理

設 f_1, f_2 是 $\mathbb{R}^3$ 的線性映射，且存在四個向量 $X_i = (x_i, y_i, 1)$,
$i = 1, 2, 3, 4$ 滿足：

$$\begin{aligned} f_1(X_i) \cdot X_i &= 0 \\ f_2(X_i) \cdot X_i &= 0 \end{aligned}, \ i = 1, 2, 3, 4$$

若 f 是 $\mathbb{R}^3$ 的線性映射且滿足 $f(X_i) \cdot X_i = 0$, $i = 1, 2, 3, 4$, 則
存在兩個不全為零的實數 α 與 β，使 $f = \alpha f_1 + \beta f_2$ ❶

---

❶ 由於點 (x_i, y_i), $i = 1, 2, 3, 4$ 中的任三點不共線，因此向量 $X_i = (x_i, y_i, 1)$,
$i = 1, 2, 3, 4$ 四者中無三者是線性相關。

證明 ▶

以 $X_1,\ X_2,\ X_3$ 為基底，X_4 可表為 $X_1,\ X_2,\ X_3$ 的線性組合，即存在三個數 $a,\ b,\ c$，使

$$X_4 = aX_1 + bX_2 + cX_3$$

顯然，此時 $abc \neq 0$

由 $f(X_4) \cdot X_4 = 0 \Rightarrow f(aX_1 + bX_2 + cX_3) \cdot (aX_1 + bX_2 + cX_3) = 0$

$\Rightarrow ab(f(X_1) \cdot X_2 + f(X_2) \cdot X_1) + bc(f(X_2) \cdot X_3 + f(X_3) \cdot X_2)$

$+ ca(f(X_3) \cdot X_1 + f(X_1) \cdot X_3) = 0$

$(\because f(X_i) \cdot X_i = 0,\ i = 1,\ 2,\ 3)$

同理，由 $f_1(X_4) \cdot X_4 = 0$ 及 $f_2(X_4) \cdot X_4 = 0$ 可導得相似結果而有：

$$\begin{cases} ab(f(X_1) \cdot X_2 + f(X_2) \cdot X_1) + bc(f(X_2) \cdot X_3 + f(X_3) \cdot X_2) + ca(f(X_3) \cdot X_1 + f(X_1) \cdot X_3) = 0 \\ ab(f_1(X_1) \cdot X_2 + f_1(X_2) \cdot X_1) + bc(f_1(X_2) \cdot X_3 + f_1(X_3) \cdot X_2) + ca(f_1(X_3) \cdot X_1 + f_1(X_1) \cdot X_3) = 0 \\ ab(f_2(X_1) \cdot X_2 + f_2(X_2) \cdot X_1) + bc(f_2(X_2) \cdot X_3 + f_2(X_3) \cdot X_2) + ca(f_2(X_3) \cdot X_1 + f_2(X_1) \cdot X_3) = 0 \end{cases}$$

上式關於 $ab,\ bc,\ ca$ 的聯立組，由於 $ab,\ bc,\ ca \neq 0$ 而有

$$\begin{vmatrix} f(X_1) \cdot X_2 + f(X_2) \cdot X_1 & f(X_2) \cdot X_3 + f(X_3) \cdot X_2 & f(X_3) \cdot X_1 + f(X_1) \cdot X_3 \\ f_1(X_1) \cdot X_2 + f_1(X_2) \cdot X_1 & f_1(X_2) \cdot X_3 + f_1(X_3) \cdot X_2 & f_1(X_3) \cdot X_1 + f_1(X_1) \cdot X_3 \\ f_2(X_1) \cdot X_2 + f_2(X_2) \cdot X_1 & f_2(X_2) \cdot X_3 + f_2(X_3) \cdot X_2 & f_2(X_3) \cdot X_1 + f_2(X_1) \cdot X_3 \end{vmatrix} = 0$$

因此，存在兩個不全為零的實數 α 與 β，使

$(f(X_1) \cdot X_2 + f(X_2) \cdot X_1, f(X_2) \cdot X_3 + f(X_3) \cdot X_2, f(X_3) \cdot X_1 + f(X_1) \cdot X_3)$

$= \alpha(f_1(X_1) \cdot X_2 + f_1(X_2) \cdot X_1,\ f_1(X_2) \cdot X_3 + f_1(X_3) \cdot X_2,\ f_1(X_3) \cdot X_1 + f_1(X_1) \cdot X_3)$

$+ \beta(f_2(X_1) \cdot X_2 + f_2(X_2) \cdot X_1,\ f_2(X_2) \cdot X_3 + f_2(X_3) \cdot X_2,$

$f_2(X_3) \cdot X_1 + f_2(X_1) \cdot X_3)$

或是

$$\begin{cases} (\alpha f_1(X_1) + \beta f_2(X_1) - f(X_1)) \cdot X_2 + (\alpha f_1(X_2) + \beta f_2(X_2) - f(X_2)) \cdot X_1 = 0 \\ (\alpha f_1(X_2) + \beta f_2(X_2) - f(X_2)) \cdot X_3 + (\alpha f_1(X_3) + \beta f_2(X_3) - f(X_3)) \cdot X_2 = 0 \\ (\alpha f_1(X_3) + \beta f_2(X_3) - f(X_3)) \cdot X_1 + (\alpha f_1(X_1) + \beta f_2(X_1) - f(X_1)) \cdot X_3 = 0 \end{cases}$$

(1)

令 $F = \alpha f_1 + \beta f_2 - f$，則 F 仍是 $\mathbb{R}^3$ 的一個線性映射，且

$$F(\lambda X_i) \cdot (\lambda X_i) = 0, \ i = 1, 2, 3; \ \lambda \ 是一個常數 \qquad (2)$$

(1)式可以改寫成：

$$\begin{cases} F(X_1) \cdot X_2 + F(X_2) \cdot X_1 = 0 \\ F(X_2) \cdot X_3 + F(X_3) \cdot X_2 = 0 \\ F(X_3) \cdot X_1 + F(X_1) \cdot X_3 = 0 \end{cases} \qquad (3)$$

令 X 是 $\mathbb{R}^3$ 的任一向量：即存在三個實數 l, m, n 使 $X = lX_1 + mX_2 + nX_3$，則

$$\begin{aligned} F(X) \cdot X &= F(lX_1 + mX_2 + nX_3) \cdot (lX_1 + mX_2 + nX_3) \\ &= lm(F(X_1) \cdot X_2 + F(X_2) \cdot X_1) + mn(F(X_2) \cdot X_3 \\ &\quad + F(X_3) \cdot X_2) + nl(F(X_3) \cdot X_1 + F(X_1) \cdot X_3) = 0 \end{aligned}$$

（由(2)及(3)）

如此，我們證得了：對於 $\mathbb{R}^3$ 中的任一向量 X，恆有 $F(X) \cdot X = 0$

因此 $F = \begin{pmatrix} 0 & 0 & 0 \\ 0 & 0 & 0 \\ 0 & 0 & 0 \end{pmatrix}$（註4），即 $\alpha f_1 + \beta f_2 = f$ $\qquad \square$

附　註

註 1

這個事實的證明如下：

假定 $l_1 : a_1 x + b_1 y + c_1 = 0, \ l_2 : a_2 x + b_2 y + c_2 = 0$ 相交於點 $P(h, k)$

$\therefore$ 向量 $N_1 = (a_1, b_1)$，$N_2 = (a_2, b_2)$ 分別是 l_1 與 l_2 的一個法向量，如果 l 是過 P 的一條直線，其法向量為 N，那麼 N 可表為 N_1 與 N_2 的線性組合，即存在兩個不全為零的實數 α 與 β，使 $N = \alpha N_1 + \beta N_2$

$\therefore N = \alpha(a_1, b_1) + \beta(a_2, b_2) = (\alpha a_1 + \beta a_2, \ \alpha b_1 + \beta b_2)$

$\therefore l$ 的方程式可表為：$(\alpha a_1 + \beta a_2)x + (\alpha b_1 + \beta b_2)y + \mu = 0$，其中 μ 為待定之數。

由於 l_1, l_2, l 均過 P 點，而有

$$\begin{cases} a_1h + b_1k + c_1 = 0 \\ a_2h + b_2k + c_2 = 0 \\ (\alpha a_1 + \beta a_2)h + (\alpha b_1 + \beta b_2)k + \mu = 0 \end{cases} \Rightarrow \mu = \alpha c_1 + \beta c_2$$

即 l 之方程式為:

$$\alpha(a_1x + b_1y + c_1) + \beta(a_2x + b_2y + c_2) = 0 \qquad \square$$

註 2

這個事實的證明如下:

假定 $C_1 : x^2 + y^2 + D_1x + E_1y + F_1 = 0$

$\quad\quad C_2 : x^2 + y^2 + D_2x + E_2y + F_2 = 0$

相交於 P, Q 兩點

則 C_1 與 C_2 的根軸是:

$$(D_1 - D_2)x + (E_1 - E_2)y + (F_1 - F_2) = 0 \qquad \text{(i)}$$

如果 C 是過 P, Q 的一個圓，$C : x^2 + y^2 + Dx + Ey + F = 0$

則 C 與 C_2 的根軸是:

$$(D - D_2)x + (E - E_2)y + (F - F_2) = 0 \qquad \text{(ii)}$$

因為 C_1 與 C_2 的根軸就是 C 與 C_2 的根軸，$\therefore$(i)與(ii)表同一直線，因而存在一個常數 t，使

$$\frac{D - D_2}{D_1 - D_2} = \frac{E - E_2}{E_1 - E_2} = \frac{F - F_2}{F_1 - F_2} = t$$

$\Rightarrow \qquad\qquad D = tD_1 + (1 - t)D_2$

$\qquad\qquad\qquad E = tE_1 + (1 - t)E_2$

$\qquad\qquad\qquad F = tF_1 + (1 - t)F_2$

令 $\qquad\qquad\qquad t = \alpha$, $1 - t = \beta$，而有 $\alpha + \beta = 1$

因此 C 之方程式為

$$x^2 + y^2 + (\alpha D_1 + \beta D_2)x + (\alpha E_1 + \beta E_2)y + (\alpha F_1 + \beta F_2) = 0$$

或是

$$\alpha(x^2 + y^2 + D_1 x + E_1 y + F_1) + \beta(x^2 + y^2 + D_2 x + E_2 y + F_2) = 0 \qquad \Box$$

註 3

錐線（拋物線、橢圓、雙曲線）上的任三點是不共線的，因此相交於四點的已知兩個二次曲線，如果其中有一個是錐線的話，那麼相交的四點中無三點共線自是當然的事。如果兩個二次曲線均是特異的情形（像是一直線或是二平行線或是二相交直線），那麼更無三點共線的可能。

註 4

由 F 的定義知 F 是一個對稱方陣，令

$$F = \begin{pmatrix} a_{11} & a_{12} & a_{13} \\ a_{12} & a_{22} & a_{23} \\ a_{13} & a_{23} & a_{33} \end{pmatrix}$$

因為 F 滿足：$F(X) \cdot X = 0,\ \forall X \in \mathbb{R}^3$

取 $X = (1, 0, 0),\ (0, 1, 0),\ (0, 0, 1),\ (1, 1, 0),\ (1, 0, 1),\ (0, 1, 1)$ 分別代入計算可得：

$$a_{11} = 0,\ a_{22} = 0,\ a_{33} = 0,\ a_{12} = 0,\ a_{13} = 0,\ a_{23} = 0$$

大海的訊息

我在夢中
因而以為
每一個人也都活在
他個別的夢裡

第 29 章

$1^k + 2^k + \cdots + n^k$ 表為 n 之多項式的係數律則

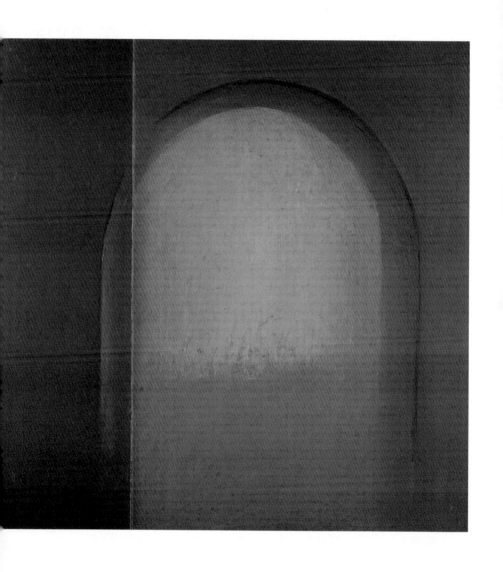

　　證明等式 $1^2 + 2^2 + \cdots + n^2 = \dfrac{1}{3}n^3 + \dfrac{1}{2}n^2 + \dfrac{1}{6}n$ 及 $1^3 + 2^3 + \cdots + n^3$ $= \dfrac{1}{4}n^4 + \dfrac{1}{2}n^3 + \dfrac{1}{4}n^2$，幾乎是學過數學歸納法的人必有的經驗。證明是一回事，較為深刻的應當是提問：這些等式是如何知道的？

　　這裡，我們換個角度來看此問題。假定我們已經知道一般 $1^k + 2^k + \cdots + n^k$ 是可表為一個 n 的多項式，且其最高次項為 $\dfrac{1}{k+1}n^{k+1}$（註），那麼，知道了多項式的各項係數，便等同於找出了這些等式。

把 $1^k + 2^k + \cdots + n^k$ 表為 n 的多項式 $F_k(n)$ 時，其通項 n^{k-m} 的係數記為 A_m。

由 $F_k(0) = 0$，知 $F_k(n)$ 的常數項為 0；把 $F_k(n)$ 的最高次項記為 $A_{-1}n^{k+1}$。

因此

$$F_k(n) = A_{-1}n^{k+1} + A_0 n^k + A_1 n^{k-1} + \cdots + A_{k-1}n$$

除了已知 $A_{-1} = \dfrac{1}{k+1}$ 之外，$A_0,\ A_1,\ \cdots,\ A_{k-1}$ 的呈現是否具有規律？

我們有

$$F_1(n) = \frac{1}{2}n^2 + \frac{1}{2}n$$

$$F_2(n) = \frac{1}{3}n^3 + \frac{1}{2}n^2 + \frac{2}{12}n$$

$$F_3(n) = \frac{1}{4}n^4 + \frac{1}{2}n^3 + \frac{3}{12}n^2 + 0 \cdot n$$

$$F_4(n) = \frac{1}{5}n^5 + \frac{1}{2}n^4 + \frac{4}{12}n^3 + 0 \cdot n^2 - \frac{1}{30}n$$

觀察上面實例，規律似乎存在。如果存在，它是什麼樣子？

首先

由　　$1^k+2^k+\cdots+n^k=A_{-1}n^{k+1}+A_0n^k+A_1n^{k-1}+\cdots+A_{k-1}n$

所以　$1^k+2^k+\cdots+(n-1)^k$

$$=A_{-1}(n-1)^{k+1}+A_0(n-1)^k+A_1(n-1)^{k-1}+\cdots+A_{k-1}(n-1)$$

$$=A_{-1}[n^{k+1}-C_1^{k+1}n^k+C_2^{k+1}n^{k-1}-C_3^{k+1}n^{k-2}+\cdots]$$

$$+A_0[n^k-C_1^kn^{k-1}+C_2^kn^{k-2}-C_3^kn^{k-3}+\cdots]$$

$$+A_1[n^{k-1}-C_1^{k-1}n^{k-2}+C_2^{k-1}n^{k-3}-C_3^{k-1}n^{k-4}+\cdots]$$

$$\vdots$$

$$+A_{k-1}[n-1]$$

上面二式相減得

$$[A_{-1}C_1^{k+1}-1]n^k-[A_{-1}C_2^{k+1}-A_0C_1^k]n^{k-1}$$

$$+[A_{-1}C_3^{k+1}-A_0C_2^k+A_1C_1^{k-1}]n^{k-2}$$

$$-[A_{-1}C_4^{k+1}-A_0C_3^k+A_1C_2^{k-1}-A_2C_1^{k-2}]n^{k-3}+\cdots=0$$

因為上式是一個 n 的恆等式，故其每項係數皆為 0，因此有：

$$1-A_{-1}C_1^{k+1}=0$$

$$A_0C_1^k-A_{-1}C_2^{k+1}=0 \tag{1.0}$$

$$A_1C_1^{k-1}-A_0C_2^k+A_{-1}C_3^{k+1}=0 \tag{1.1}$$

$$A_2C_1^{k-2}-A_1C_2^{k-1}+A_0C_3^k-A_{-1}C_4^{k+1}=0 \tag{1.2}$$

$$\vdots \qquad\qquad\qquad\qquad\qquad\qquad\vdots$$

一般為

$$A_mC_1^{k-m}-A_{m-1}C_2^{k-m+1}+A_{m-2}C_3^{k-m+2}-\cdots+(-1)^{m+1}A_{-1}C_{m+2}^{k+1}=0 \tag{1.m}$$

因 $C_1^{k-m}=k-m$，所以上面的一般式可化約為：

$$A_m = \frac{1}{2}A_{m-1}C_1^{k-m+1} - \frac{1}{3}A_{m-2}C_2^{k-m+2} + \cdots + (-1)^m \frac{1}{m+2}A_{-1}C_{m+1}^{k+1}$$

由此而得 $A_{-1} = \dfrac{1}{k+1}$

$$A_0 = \frac{1}{2} = \frac{1}{2}C_0^k = a_0 \cdot C_0^k \quad (\text{記 } \frac{1}{2} = a_0 \, (= A_0))$$

$$A_1 = \frac{1}{2}A_0C_1^k - \frac{1}{3}A_{-1}C_2^{k+1}$$

$$= (\frac{1}{2}a_0 - \frac{1}{6})C_1^k = a_1 \cdot C_1^k \quad (\text{記 } \frac{1}{2}a_0 - \frac{1}{6} = a_1)$$

$$A_2 = \frac{1}{2}A_1C_1^{k-1} - \frac{1}{3}A_0C_2^k + \frac{1}{4}A_{-1}C_3^{k+1}$$

$$= \frac{1}{2}a_1C_1^kC_1^{k-1} - \frac{1}{3}a_0C_2^k + \frac{1}{12}C_2^k$$

$$= (a_1 - \frac{1}{3}a_0 + \frac{1}{12})C_2^k = a_2 \cdot C_2^k \quad (\text{記 } a_1 - \frac{1}{3}a_0 + \frac{1}{12} = a_2)$$

以此類推，A_3 可表為 $a_3 \cdot C_3^k$；A_4 可表為 $a_4 \cdot C_4^k$ 等等。

假定 A_{m-1} 可表為 $a_{m-1} \cdot C_{m-1}^k$，則由

$$A_m = \frac{1}{2}A_{m-1}C_1^{k-m+1} - \frac{1}{3}A_{m-2}C_2^{k-m+2} + \cdots + (-1)^m \frac{1}{m+2}A_{-1}C_{m+1}^{k+1}$$

$$\Rightarrow \quad A_m = \frac{1}{2}a_{m-1} \cdot C_{m-1}^k C_1^{k-m+1} - \frac{1}{3}a_{m-2} \cdot C_{m-2}^k C_2^{k-m+2}$$

$$+ \cdots + (-1)^m \frac{1}{(m+1)(m+2)}C_m^k$$

$$= \frac{1}{2}a_{m-1} \cdot m \cdot C_m^k - \frac{1}{3}a_{m-2} \cdot \frac{m(m-1)}{2!} \cdot C_m^k$$

$$+ \cdots + (-1)^m \frac{1}{(m+1)(m+2)}C_m^k$$

$$= [\frac{1}{2}C_1^m \cdot a_{m-1} - \frac{1}{3}C_2^m \cdot a_{m-2} + \cdots + (-1)^{m-1} \cdot \frac{1}{m+1}C_m^m \cdot a_0$$

$$+ (-1)^m \frac{1}{(m+1)(m+2)}]C_m^k$$

所以 A_m 亦可表為 $a_m \cdot C_m^k$。

故由數學歸納，我們得到如下結論：

定　理

$1^k + 2^k + \cdots + n^k$ 表為 n 之多項式 $F_k(n)$ 時, 其通項 n^{k-m} 的係數為 $A_m = a_m \cdot C_m^k$, 其中 $a_m = \dfrac{1}{2} C_1^m \cdot a_{m-1} - \dfrac{1}{3} C_2^m \cdot a_{m-2} + \cdots + (-1)^{m-1} \dfrac{1}{m+1} C_m^m \cdot a_0 + (-1)^m \dfrac{1}{(m+1)(m+2)}$

其次

由　$1^k + 2^k + \cdots + n^k = A_{-1} n^{k+1} + A_0 n^k + A_1 n^{k-1} + \cdots + A_{k-1} n$

所以　$1^k + 2^k + \cdots + (n+1)^k$

$= A_{-1}(n+1)^{k+1} + A_0(n+1)^k + A_1(n+1)^{k-1} + \cdots + A_{k-1}(n+1)$

$= A_{-1}[n^{k+1} + C_1^{k+1} n^k + C_2^{k+1} n^{k-1} + C_3^{k+1} n^{k-2} + \cdots]$

$\quad + A_0[n^k + C_1^k n^{k-1} + C_2^k n^{k-2} + C_3^k n^{k-3} + \cdots]$

$\quad + A_1[n^{k-1} + C_1^{k-1} n^{k-2} + C_2^{k-1} n^{k-3} + C_3^{k-1} n^{k-4} + \cdots]$

$\quad \vdots$

$\quad + A_{k-1}[n+1]$

上面二式相減得

$$(n+1)^k = A_{-1} C_1^{k+1} n^k + [A_{-1} C_2^{k+1} + A_0 C_1^k] n^{k-1}$$
$$+ [A_{-1} C_3^{k+1} + A_0 C_2^k + A_1 C_1^{k-1}] n^{k-2}$$
$$+ [A_{-1} C_4^{k+1} + A_0 C_3^k + A_1 C_2^{k-1} + A_2 C_1^{k-2}] n^{k-3} + \cdots$$

比較兩邊係數得

$$C_0^k = A_{-1} C_1^{k+1}$$

$$C_1^k = A_0 C_1^k + A_{-1} C_2^{k+1} \tag{2.0}$$

$$C_2^k = A_1 C_1^{k-1} + A_0 C_2^k + A_{-1} C_3^{k+1} \tag{2.1}$$

$$C_3^k = A_2 C_1^{k-2} + A_1 C_2^{k-1} + A_0 C_3^k + A_{-1} C_4^{k+1} \tag{2.2}$$

$$\vdots \qquad\qquad\qquad\qquad\qquad \vdots$$

一般為 $\qquad C_{m+1}^k = A_m C_1^{k-m} + A_{m-1} C_2^{k-m+1} + \cdots + A_{-1} C_{m+2}^{k+1} \tag{2.m}$

現在把式 $(1.0) + (2.0), (1.1) + (2.1), (1.2) + (2.2), \cdots, (1.m) + (2.m)$

得 $$C_1^k = 2A_0 C_1^k$$

$$C_2^k = 2[A_1 C_1^{k-1} + A_{-1} C_3^{k+1}]$$

$$C_3^k = 2[A_2 C_1^{k-2} + A_0 C_3^k]$$

$$\vdots$$

$$C_{m+1}^k = 2[A_m C_1^{k-m} + A_{m-2} C_3^{k-m+2} + \cdots]$$

上面最後一式在

（i）m 為偶數時

$$C_{m+1}^k = 2[A_m C_1^{k-m} + A_{m-2} C_3^{k-m+2} + \cdots + A_0 C_{m+1}^k] \tag{3.1}$$

（ii）m 為奇數時

$$C_{m+1}^k = 2[A_m C_1^{k-m} + A_{m-2} C_3^{k-m+2} + \cdots + A_1 C_m^{k-1} + A_{-1} C_{m+2}^{k+1}] \tag{3.2}$$

由於 A_m 可表為 $a_m \cdot C_m^k$，因此

(3.1) 式可化約為：$1 = 2[C_1^{m+1} \cdot a_m + C_3^{m+1} \cdot a_{m-2} + \cdots + C_{m+1}^{m+1} \cdot a_0] \tag{4.1}$

(3.2) 式可化約為：$1 = 2[C_1^{m+1} \cdot a_m + C_3^{m+1} \cdot a_{m-2} + \cdots + C_m^{m+1} \cdot a_1 + \dfrac{1}{m+2}]$

$$\tag{4.2}$$

又由 $a_0 = \dfrac{1}{2}$，式 (4.1) 可再化簡為：

$$C_1^{m+1} \cdot a_m + C_3^{m+1} \cdot a_{m-2} + \cdots + C_{m-1}^{m+1} \cdot a_2 = 0 \tag{5}$$

但 $a_2 = a_1 - \dfrac{1}{3} a_0 + \dfrac{1}{12} = (\dfrac{1}{2} a_0 - \dfrac{1}{6}) - \dfrac{1}{3} a_0 + \dfrac{1}{12} = 0$

因此經由 (5) 式可推得 $a_4 = a_6 = \cdots = 0$，即當 m 為偶數時，a_m 之值恆為 0。

由此，我們更簡化了前述所得到的定理中關於 $F_k(n)$ 的通項 n^{k-m} 的係數 $A_m = a_m \cdot C_m^k$，其中的 a_m 為：

$$\begin{cases} \text{當 } m \text{ 為偶數時，} a_m = 0, \; m = 2, 4, 6, \cdots \\ \text{當 } m \text{ 為奇數時，} a_m = -(\dfrac{1}{3} C_2^m \cdot a_{m-2} + \dfrac{1}{5} C_4^m \cdot a_{m-4} + \cdots + \dfrac{1}{m} C_{m-1}^m \cdot a_1) + \dfrac{m}{2(m+1)(m+2)} \end{cases}$$

（或寫成：$a_m = -\dfrac{1}{m+1}[C_3^{m+1} \cdot a_{m-2} + C_5^{m+1} \cdot a_{m-4} + \cdots + C_m^{m+1} \cdot a_1 - \dfrac{m}{2(m+2)}]$）

例題

由 $\qquad a_0 = \dfrac{1}{2}$

$\qquad a_1 = \dfrac{1}{2 \cdot 2 \cdot 3} = \dfrac{1}{12}$

$\qquad a_3 = -a_1 + \dfrac{3}{2 \cdot 4 \cdot 5} = -\dfrac{1}{120}$

$\qquad a_5 = -\dfrac{10}{3} a_3 - a_1 + \dfrac{5}{2 \cdot 6 \cdot 7} = \dfrac{1}{252}$

$\qquad \vdots$

當 $k = 6$ 時 $\quad A_0 = \dfrac{1}{2} C_0^6 = \dfrac{1}{2}$

$\qquad A_1 = \dfrac{1}{12} C_1^6 = \dfrac{1}{2}$

$\qquad A_3 = -\dfrac{1}{120} C_3^6 = -\dfrac{1}{6}$

$\qquad A_5 = \dfrac{1}{252} C_5^6 = \dfrac{1}{42}$

因此 $\qquad 1^6 + 2^6 + \cdots + n^6 = \dfrac{1}{7} n^7 + \dfrac{1}{2} n^6 + \dfrac{1}{2} n^5 - \dfrac{1}{6} n^3 + \dfrac{1}{42} n$

附 註

註

由二項式定理可得

$$(n+1)^{k+1} - n^{k+1} = C_k^{k+1} n^k + C_{k-1}^{k+1} n^{k-1} + \cdots + C_1^{k+1} n + 1$$

經由此式，得下列諸式：

$$\begin{cases} 2^{k+1} - 1^{k+1} = C_k^{k+1} \cdot 1^k + C_{k-1}^{k+1} \cdot 1^{k-1} + \cdots + C_1^{k+1} \cdot 1 + 1 \\ 3^{k+1} - 2^{k+1} = C_k^{k+1} \cdot 2^k + C_{k-1}^{k+1} \cdot 2^{k-1} + \cdots + C_1^{k+1} \cdot 2 + 1 \\ \quad \vdots \\ (n+1)^{k+1} - n^{k+1} = C_k^{k+1} \cdot n^k + C_{k-1}^{k+1} \cdot n^{k-1} + \cdots + C_1^{k+1} \cdot n + 1 \end{cases}$$

上面諸式相加得遞迴關係式：

$$(n+1)^{k+1} - 1 = C_k^{k+1} F_k(n) + C_{k-1}^{k+1} F_{k-1}(n) + \cdots + C_1^{k+1} F_1(n) + n$$

其中 $F_k(n) = 1^k + 2^k + \cdots + n^k$, $k = 1, 2, 3, \cdots$

運用此式，便知道，對任意正整數 k, $1^k + 2^k + \cdots + n^k$ 確可表為一個 n 的多項式，且其最高次項為 $\dfrac{1}{k+1} n^{k+1}$。

大海的訊息

有關我的一切都去吧
不是隱蔽
也非丟棄
因為沒有可隱蔽的真實
也無非丟棄不可的存在
像是一片雲
無所來　無可去
去吧　我的一切

第 30 章

cos $n\theta$、sin $n\theta$ 表為 cos θ
與 sin θ 的多項式

觀察 $\cos\theta = \cos\theta$, $\cos 2\theta = -1 + 2\cos^2\theta$, $\cos 3\theta = -3\cos\theta + 4\cos^3\theta$, 以及 $\sin\theta = 1\cdot\sin\theta$, $\sin 2\theta = 2\cos\theta\cdot\sin\theta$, $\sin 3\theta = (-1 + 4\cos^2\theta)\sin\theta$, 我們猜想：對任意正整數 n，是否 $\cos n\theta$ 恆可表為一個 $\cos\theta$ 的 n 次多項式，而 $\sin n\theta$ 恆可表為一個 $\cos\theta$ 的 $n-1$ 次多項式與 $\sin\theta$ 的乘積？如果答案是肯定的，多項式的係數之間是否存有關係或規律？

一、

首先，假若 $\cos n\theta$ 可表為一個 $\cos\theta$ 的 n 次多項式，記為 $\cos n\theta = \sum\limits_{k=0}^{n} a_{n,k}\cos^k\theta$，且 $\sin n\theta$ 可表為一個 $\cos\theta$ 的 $n-1$ 次多項式與 $\sin\theta$ 的乘積，記為 $\sin n\theta = (\sum\limits_{k=0}^{n-1} b_{n-1,k}\cos^k\theta)\sin\theta$。

由 $\qquad\qquad \cos(n+1)\theta = \cos n\theta\cdot\cos\theta - \sin n\theta\cdot\sin\theta$

$\Rightarrow \qquad \cos(n+1)\theta = (\sum\limits_{k=0}^{n} a_{n,k}\cos^k\theta)\cos\theta - (\sum\limits_{k=0}^{n-1} b_{n-1,k}\cos^k\theta)\sin^2\theta$

$\qquad\qquad\qquad = \sum\limits_{k=0}^{n} a_{n,k}\cos^{k+1}\theta - (\sum\limits_{k=0}^{n-1} b_{n-1,k}\cos^k\theta)(1 - \cos^2\theta)$

則 $\qquad \cos(n+1)\theta = \sum\limits_{k=0}^{n+1} a_{n+1,k}\cos^k\theta$ （經合併整理而得如此記述）

所以 $\cos(n+1)\theta$ 也可表為一個 $\cos\theta$ 的 $n+1$ 次多項式。

又由 $\qquad\qquad \sin(n+1)\theta = \sin n\theta\cdot\cos\theta + \cos n\theta\cdot\sin\theta$

$\Rightarrow \qquad \sin(n+1)\theta = (\sum\limits_{k=0}^{n-1} b_{n-1,k}\cos^k\theta)\sin\theta\cos\theta + (\sum\limits_{k=0}^{n} a_{n,k}\cos^k\theta)\sin\theta$

$\qquad\qquad\qquad = (\sum\limits_{k=0}^{n-1} b_{n-1,k}\cos^{k+1}\theta + \sum\limits_{k=0}^{n} a_{n,k}\cos^k\theta)\sin\theta$

則 $\quad \sin(n+1)\theta = (\sum\limits_{k=0}^{n} b_{n,k}\cos^k\theta)\sin\theta$ （經合併整理而得如此記述）

所以 $\sin(n+1)\theta$ 也可表為一個 $\cos\theta$ 的 n 次多項式與 $\sin\theta$ 的乘積。

由於 $\cos 2\theta = -1 + 2\cos^2 \theta$, $\sin 2\theta = 2\cos \theta \cdot \sin \theta$ 滿足了初始條件，因此由數學歸納，我們同時證得如下結論：

對任意正整數 n，$\cos n\theta$ 恆可表為一個 $\cos \theta$ 的 n 次多項式，且 $\sin n\theta$ 恆可表為一個 $\cos \theta$ 的 $n-1$ 次多項式與 $\sin \theta$ 的乘積。

二、

其次，根據上述結論，我們取

$$\cos(n+1)\theta = \sum_{k=0}^{n+1} a_{n+1,\,k}\cos^k \theta,\ \cos n\theta = \sum_{k=0}^{n} a_{n,\,k}\cos^k \theta$$

及
$$\cos(n-1)\theta = \sum_{k=0}^{n-1} a_{n-1,\,k}\cos^k \theta$$

由和差化積公式，有

$$\cos(n+1)\theta + \cos(n-1)\theta = 2\cos n\theta \cdot \cos \theta$$

所以　$$\sum_{k=0}^{n+1} a_{n+1,\,k}\cos^k \theta + \sum_{k=0}^{n-1} a_{n-1,\,k}\cos^k \theta = 2\sum_{k=0}^{n} a_{n,\,k}\cos^{k+1} \theta$$

$\Rightarrow$　$$\sum_{k=0}^{n}(a_{n+1,\,k} + a_{n-1,\,k})\cos^k \theta + (a_{n+1,\,n+1}\cos^{n+1}\theta - a_{n-1,\,n}\cos^n \theta)$$

$$= \sum_{k=0}^{n} 2a_{n,\,k-1}\cos^k \theta + 2a_{n,\,n}\cos^{n+1}\theta \ ❶$$

比較等式的兩邊，得

$$\begin{cases} a_{n+1,\,k} + a_{n-1,\,k} = 2a_{n,\,k-1}, \ k = 0,\ 1,\ 2,\ \cdots,\ n \\ a_{n+1,\,n+1} = 2a_{n,\,n} \end{cases}$$

由於 $a_{n-1,\,n+1} = 0$，上面二式可合併成一式：

$$a_{n+1,\,k} + a_{n-1,\,k} = 2a_{n,\,k-1},\ k = 0,\ 1,\ 2,\ \cdots,\ n+1 \qquad (1)$$

---
❶ $a_{n-1,\,n} = 0$, $a_{n,\,-1} = 0$

當 $k=0$ 時，因 $a_{n,-1}=0$，因此有 $a_{n+1,0}=-a_{n-1,0}$，又由於 $a_{1,0}=0$ 及 $a_{0,0}=1$，因而得到

$$\begin{cases} a_{1,0}=a_{3,0}=a_{5,0}=\cdots=a_{2m-1,0}=0,\ m\ 為正整數 \\ a_{0,0}=1,\ a_{2,0}=-1,\ a_{4,0}=1,\ a_{6,0}=-1,\ \cdots \end{cases} \tag{2}$$

利用(1)式及(2)式中的結果，我們可以得到如下的結論：

$$a_{n,k}=0,\ 當\ n\ 為奇數且\ k\ 為偶數，或\ n\ 為偶數且\ k\ 為奇數$$

隨之，我們得到：當 n 為偶數時，$\cos n\theta$ 恆可表為一個純 $\cos^2\theta$ 的多項式。

同時，我們也可造出一個 $\cos n\theta$ 表為 $\cos\theta$ 之 n 次多項式的係數列表：

表 1

	$\cos^0\theta$	$\cos^1\theta$	$\cos^2\theta$	$\cos^3\theta$	$\cos^4\theta$	$\cos^5\theta$	$\cos^6\theta$	$\cos^7\theta$
$\cos 0\theta$	1							
$\cos\theta$	0	1						
$\cos 2\theta$	-1	0	2					
$\cos 3\theta$	0	-3	0	4				
$\cos 4\theta$	1	0	-8	0	8			
$\cos 5\theta$	0	5	0	-20	0	16		
$\cos 6\theta$	-1	0	18	0	-48	0	32	
$\cos 7\theta$	0	-7	0	56	0	-112	0	64

三、

至於 $\sin n\theta$ 的情形，由前面證得的結論，我們可以取

$$\sin(n+2)\theta = (\sum_{k=0}^{n+1} b_{n+1,\,k}\cos^k\theta)\sin\theta,\ \sin(n+1)\theta = (\sum_{k=0}^{n} b_{n,\,k}\cos^k\theta)\sin\theta$$

及
$$\sin n\theta = (\sum_{k=0}^{n-1} b_{n-1,\,k}\cos^k\theta)\sin\theta$$

由和差化積公式，有

$$\sin(n+2)\theta + \sin n\theta = 2\sin(n+1)\theta\cdot\cos\theta$$

所以
$$\sum_{k=0}^{n+1} b_{n+1,\,k}\cos^k\theta + \sum_{k=0}^{n-1} b_{n-1,\,k}\cos^k\theta = 2\sum_{k=0}^{n} b_{n,\,k}\cos^{k+1}\theta$$

$\Rightarrow$
$$\sum_{k=0}^{n}(b_{n+1,\,k} + b_{n-1,\,k})\cos^k\theta + (b_{n+1,\,n+1}\cos^{n+1}\theta - b_{n-1,\,n}\cos^n\theta)$$

$$= \sum_{k=0}^{n} 2b_{n,\,k-1}\cos^k\theta + 2b_{n,\,n}\cos^{n+1}\theta\ ❷$$

比較等式的兩邊，得

$$\begin{cases} b_{n+1,\,k} + b_{n-1,\,k} = 2b_{n,\,k-1},\ k = 0,\ 1,\ 2,\ \cdots,\ n \\ b_{n+1,\,n+1} = 2b_{n,\,n} \end{cases}$$

由於 $b_{n-1,\,n+1} = 0$，上面二式可合併成一式：

$$b_{n+1,\,k} + b_{n-1,\,k} = 2b_{n,\,k-1},\ k = 0,\ 1,\ 2,\ \cdots,\ n+1 \tag{3}$$

利用此式的結論，我們也可以造出一個 $\sin n\theta$ 表為 $\cos\theta$ 之 $n-1$ 次多項式與 $\sin\theta$ 的乘積時，其中的 $\cos\theta$ 的多項式的係數列表：

---

❷ $b_{n-1,\,n} = 0$，$b_{n,\,-1} = 0$。

表 2

	$\cos^0\theta$	$\cos^1\theta$	$\cos^2\theta$	$\cos^3\theta$	$\cos^4\theta$	$\cos^5\theta$	$\cos^6\theta$	$\cos^7\theta$
$\sin 0\theta$	0							
$\sin \theta$	1	0						
$\sin 2\theta$	0	2	0					
$\sin 3\theta$	-1	0	4	0				
$\sin 4\theta$	0	-4	0	8	0			
$\sin 5\theta$	1	0	-12	0	16	0		
$\sin 6\theta$	0	6	0	-32	0	32	0	
$\sin 7\theta$	-1	0	24	0	-80	0	64	0

四、

　　我 們 再 進 一 步 觀 察 $\sin\theta = \sin\theta$，　$\sin 3\theta = 3\sin\theta - 4\sin^3\theta$ 及 $\sin 5\theta = 5\sin\theta - 20\sin^3\theta + 16\sin^5\theta$，便猜想：當 n 為奇數時，是否 $\sin n\theta$ 恆可表為一個 $\sin\theta$ 的 n 次多項式？

　　設 n 為奇數，並假定 $\sin n\theta$ 可表為一個 $\sin\theta$ 的 n 次多項式，記 為 $\sin n\theta = \sum_{k=0}^{n} c_{n,\,k}\sin^k\theta$ ❸，此時 $n+1$ 為偶數，所以 $\cos(n+1)\theta$ 可表為 一個 $\cos^2\theta$ 的多項式，又因為 $\cos^2\theta = 1 - \sin^2\theta$，因此可將 $\cos(n+1)\theta$ 記為 $\cos(n+1)\theta = \sum_{k=0}^{n+1} d_{n+1,\,k}\sin^k\theta$。 ❹

由和差化積公式知

$$\sin(n+2)\theta - \sin n\theta = 2\cos(n+1)\theta \cdot \sin\theta$$

$$\Rightarrow \quad \sin(n+2)\theta = \sum_{k=0}^{n} c_{n,\,k}\sin^k\theta + \sum_{k=0}^{n+1} 2d_{n+1,\,k}\sin^{k+1}\theta$$

❸ 因為 $\sin n\theta$ 可表為一個 $\cos\theta$ 的 $n-1$ 次多項式與 $\sin\theta$ 的乘積，所以 $c_{n,\,0} = 0$。

❹ 此時 $d_{n+1,\,k} = (-1)^{\frac{n+1}{2}} a_{n+1,\,k}$，見第五段。

$$= \sum_{k=0}^{n+2} c_{n+2,\,k} \sin^k\theta \quad （經合併整理而得如此記述）$$

所以，$\sin(n+2)\theta$ 亦可表為一個 $\sin\theta$ 的 $n+2$ 次多項式，故由數學歸納，得到：

　　當 n 為奇數時，$\sin n\theta$ 恆可表為一個 $\sin\theta$ 的 n 次多項式。

　　由上面結論，對任意正整數 n，我們取

$$\sin(2n+1)\theta = \sum_{k=0}^{2n+1} c_{2n+1,\,k}\sin^k\theta,\ \sin(2n-1)\theta = \sum_{k=0}^{2n-1} c_{2n-1,\,k}\sin^k\theta$$

及　　　　　　　　　$$\cos 2n\theta = \sum_{k=0}^{2n} d_{2n,\,k}\sin^k\theta$$

由和差化積公式知

$$\sin(2n+1)\theta - \sin(2n-1)\theta = 2\cos 2n\theta \cdot \sin\theta$$

所以　　$$\sum_{k=0}^{2n+1} c_{2n+1,\,k}\sin^k\theta - \sum_{k=0}^{2n-1} c_{2n-1,\,k}\sin^k\theta = 2\sum_{k=0}^{2n} d_{2n,\,k}\sin^{k+1}\theta$$

$\Rightarrow$　$$\sum_{k=0}^{2n}(c_{2n+1,\,k} - c_{2n-1,\,k})\sin^k\theta + (c_{2n+1,\,2n+1}\sin^{2n+1}\theta + c_{2n-1,\,2n}\sin^{2n}\theta)$$

$$= \sum_{k=0}^{2n} 2d_{2n,\,k-1}\sin^k\theta + 2d_{2n,\,2n}\sin^{2n+1}\theta \ \text{❺}$$

比較等式的兩邊，得

$$\begin{cases} c_{2n+1,\,k} - c_{2n-1,\,k} = 2d_{2n,\,k-1},\ k = 0,\ 1,\ 2,\ \cdots,\ 2n \\ c_{2n+1,\,2n+1} = 2d_{2n,\,2n} \end{cases}$$

....

❺ $c_{2n-1,\,2n} = 0$。

由於 $c_{2n-1,\,2n+1}=0$，上面二式可合併成一式：

$$c_{2n+1,\,k} - c_{2n-1,\,k} = 2d_{2n,\,k-1},\ k=0,\,1,\,2,\,\cdots,\,2n+1 \tag{4}$$

利用(4)式，可以造出 $\sin(2n-1)\theta$ 表為 $\sin\theta$ 的多項式的係數列表：

表 3

	$\sin^0\theta$	$\sin^1\theta$	$\sin^2\theta$	$\sin^3\theta$	$\sin^4\theta$	$\sin^5\theta$	$\sin^6\theta$	$\sin^7\theta$
$\sin\theta$	0	1						
$\sin 3\theta$	0	3	0	-4				
$\sin 5\theta$	0	5	0	-20	0	16		
$\sin 7\theta$	0	7	0	-56	0	112	0	-64

五、

對奇數 $2n+1$，我們有 $\sin(2n+1)\theta = \sum\limits_{k=0}^{2n+1} c_{2n+1,\,k}\sin^k\theta$ 及

$\cos(2n+1)\theta = \sum\limits_{k=0}^{2n+1} a_{2n+1,\,k}\cos^k\theta$。當觀察 $\begin{cases} \cos 3\theta = -3\cos\theta + 4\cos^3\theta \\ \sin 3\theta = 3\sin\theta - 4\sin^3\theta \end{cases}$ 及

$\begin{cases} \cos 5\theta = 5\cos\theta - 20\cos^3\theta + 16\cos^5\theta \\ \sin 5\theta = 5\sin\theta - 20\sin^3\theta + 16\sin^5\theta \end{cases}$ 時，我們不免猜想：對任意正整

數 n，是否恆有 $c_{2n+1,\,k} = (-1)^n a_{2n+1,\,k}$？

而對於偶數 $2n$，我們有 $\cos 2n\theta = \sum\limits_{k=0}^{2n} d_{2n,\,k}\sin^k\theta$ 及

$\cos 2n\theta = \sum\limits_{k=0}^{2n} a_{2n,\,k}\cos^k\theta$。當觀察 $\begin{cases} \cos 2\theta = -1 + 2\cos^2\theta \\ \cos 2\theta = 1 - 2\sin^2\theta \end{cases}$ 及

$\begin{cases} \cos 4\theta = 1 - 8\cos^2\theta + 8\cos^4\theta \\ \cos 4\theta = 1 - 8\sin^2\theta + 8\sin^4\theta \end{cases}$ 時，我們也猜想：對任意正整數 n，是

否恆有 $d_{2n,\,k} = (-1)^n a_{2n,\,k}$？

由和差化積公式知

$$\cos(2n+2)\theta - \cos 2n\theta = -2\sin(2n+1)\theta \cdot \sin\theta$$

所以　　　　$\displaystyle\sum_{k=0}^{2n+2} d_{2n+2,\,k}\sin^k\theta - \sum_{k=0}^{2n} d_{2n,\,k}\sin^k\theta = -2\sum_{k=0}^{2n+1} c_{2n+1,\,k}\sin^{k+1}\theta$

$\Rightarrow$　　　　$\displaystyle\sum_{k=0}^{2n+2}(d_{2n+2,\,k} - d_{2n,\,k})\sin^k\theta = -2\sum_{k=0}^{2n+2} c_{2n+1,\,k-1}\sin^k\theta$ ❻

比較等式的兩邊，得

$$d_{2n+2,\,k} - d_{2n,\,k} = -2c_{2n+1,\,k-1},\ k = 0,\ 1,\ 2,\ \cdots,\ 2n+2 \tag{5}$$

現在，我們同時有(4)式及(5)式，即

$$\begin{cases} c_{2n+1,\,k} - c_{2n-1,\,k} = 2d_{2n,\,k-1} \\ d_{2n+2,\,k} - d_{2n,\,k} = -2c_{2n+1,\,k-1} \end{cases} \tag{6}$$

假若 $\begin{cases} c_{2n-1,\,k} = (-1)^{n-1}a_{2n-1,\,k} \\ d_{2n,\,k-1} = (-1)^n a_{2n,\,k-1} \end{cases}$，　則由(6)，

$$c_{2n+1,\,k} = (-1)^{n-1}a_{2n-1,\,k} + 2(-1)^n a_{2n,\,k-1}$$
$$= (-1)^n(-a_{2n-1,\,k} + 2a_{2n,\,k-1})$$

但由(1)式知　　　　　　$-a_{2n-1,\,k} + 2a_{2n,\,k-1} = a_{2n+1,\,k}$

所以有　　　　　　　　　$c_{2n+1,\,k} = (-1)^n a_{2n+1,\,k}$

又，

假若 $\begin{cases} c_{2n+1,\,k-1} = (-1)^n a_{2n+1,\,k-1} \\ d_{2n,\,k} = (-1)^n a_{2n,\,k} \end{cases}$，　則由(6)

---

❻ $d_{2n,\,2n+1} = d_{2n,\,2n+2} = 0$，$c_{2n+1,\,-1} = 0$。

$$d_{2n+2,\,k} = (-1)^n a_{2n,\,k} - 2(-1)^n a_{2n+1,\,k-1}$$
$$= (-1)^n (a_{2n,\,k} - 2a_{2n+1,\,k-1})$$

但由⑴式知　　　　　$a_{2n,\,k} - 2a_{2n+1,\,k-1} = -a_{2n+2,\,k}$

所以有　　　　　　　$d_{2n+2,\,k} = (-1)^{n+1} a_{2n+2,\,k}$

因此，經⑹式的交錯遞推，由數學歸納，即證得：

$$\begin{cases} c_{2n+1,\,k} = (-1)^n a_{2n+1,\,k} \\ d_{2n,\,k} = (-1)^n a_{2n,\,k} \end{cases}$$

六、

在表 1 中，每一行的非零數字的出現都是具規律性的。除了 +，- 號的交錯呈現之外，若僅考慮它們的絕對值，並且從階差數列的觀點來看，則有

(1) $\cos^0\theta$ 所在的第 1 行數列：1, 1, 1, $\cdots$，它是一個零階差數列，其通項為 1。

(2) $\cos^1\theta$ 所在的第 2 行數列：1, 3, 5, $\cdots$，它是一個一階差數列，其通項為 $2n - 1$。

(3) $\cos^2\theta$ 所在的第 3 行數列：2, 8, 18, $\cdots$，它是一個二階差數列，其通項為 $2\sum_{m=1}^{n}(2m - 1) = 2n^2$。

(4) $\cos^3\theta$ 所在的第 4 行數列：4, 20, 56, $\cdots$，它是一個三階差數列，其通項為 $2\sum_{m=1}^{n} 2m^2 = \dfrac{2}{3}n(n+1)(2n+1)$。

(5) $\cos^4\theta$ 所在的第 5 行數列：8, 48, 160, $\cdots$，它是一個四階差數列，其通項為 $2\sum_{m=1}^{n}\dfrac{2}{3}m(m+1)(2m+1) = \dfrac{2}{3}(n+1)\cdot n(n+1)(n+2)$。

一般，$\cos^k\theta$ 所在的第 $k+1$ 行數列：$2^{k-1}, \cdots$，它是一個 k 階差數列，其通項可表為一個 n 的 k 次多項式。只要知道第 k 行的數列通項（記為 $A_k(n)$），經由(1)式即可遞推出第 $k+1$ 行的數列通項（記為 $A_{k+1}(n)$），而有：$A_{k+1}(n)=2\sum\limits_{m=1}^{n} A_k(m)$。❼

說明如下：

因為是考慮各行數字的絕對值，因此由(1)式可得：

$$A_{k+1}(n)=A_{k+1}(n-1)+A_k(n)$$

隨之而有
$$A_{k+1}(1)=A_{k+1}(0)+2A_k(1)$$
$$A_{k+1}(2)=A_{k+1}(1)+2A_k(2)$$
$$\vdots$$
$$A_{k+1}(n)=A_{k+1}(n-1)+2A_k(n)$$

以上 n 個式子相加得

$$A_{k+1}(n)=A_{k+1}(0)+2\sum\limits_{m=1}^{n} A_k(m)$$

但是 $A_{k+1}(0)=0$，

故得
$$A_{k+1}(n)=2\sum\limits_{m=1}^{n} A_k(m)$$

---

❼ 此處之正整數 n 與上述 $a_{n,k}$ 中的 n 無關。

大海的訊息

居無定所
各處流浪
並非找不到工作
不是養不活自己
流浪
我只是滿足於流浪

山坡上
四下無人
唯蟲鳥耳語
或坐或臥
我傾聽夜的笛音

雲在流動
我心飄向遠方
月兒探眼的剎那
我坐起
眨眼問她
今夜有何指教

附錄一　第 5 章閱讀測驗之解答

1. C, E

2. A, D

3. C, D, E

4. A

5. B, E

6. A, B, C, D

7. A, C, E

8. A, E

9. A, C, D

10. A

附錄二　第 6 章解法裡的問題之解說

例題 1 ⚫

這個問題所要求的是點 (a, b) 的所在範圍，而非個別的 a 與 b 之大小範圍。

由所得之答案：$\begin{cases} -1 < a < 1 \\ -4 < b < -1 \end{cases}$ 所表示之點 (a, b) 的範圍是如下圖 1 中

的斜線區域所示，而這不是本問題的正確答案，因為在推導的過程中，

$\begin{cases} -2 < \alpha < -1 \\ 1 < \beta < 2 \end{cases}$ (1) 與 $\begin{cases} -1 < \alpha + \beta < 1 \\ -4 < \alpha\beta < -1 \end{cases}$ (2)，兩者並非邏輯等價，

事實上是 (1) ⇒ (2) 而 (2) ⇏ (1)，只須看下面的兩個圖形區域（圖 2 與圖 3）區域便可明白。

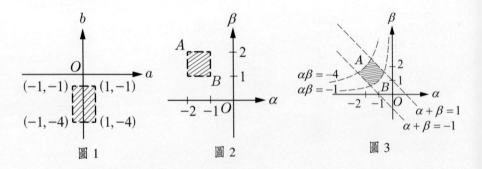

圖 1　　　　　圖 2　　　　　圖 3

正確的解法可以如下：

由已知條件，利用勘根定理，則有

$$\begin{cases} (4 - 2a + b)(1 - a + b) < 0 \\ (4 + 2a + b)(1 + a + b) < 0 \end{cases}$$

此聯立不等式之圖解為下面圖 4 中的斜線區域（不含邊界），也即是點

(a, b) 的範圍所在。

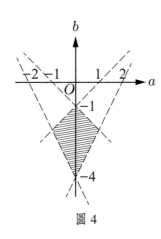

圖 4

例題 2

$$\begin{cases} b + c = ak \\ c + a = bk \\ a + b = ck \end{cases} \qquad (3)$$

$$2(a + b + c) = (a + b + c)k \qquad (4)$$

解法裡的錯誤發生在：$(3) \Rightarrow (4)$，但是$(4) \nRightarrow (3)$，不是嗎？

正確的解法是：

由 $\qquad\qquad\qquad\qquad a + b + c = 0$

∴ $\qquad\qquad\qquad\qquad b + c = -a$

而已知 $\qquad\qquad\qquad \dfrac{b + c}{a} = k,$ 且 $abc \neq 0$

故得 $\qquad\qquad\qquad k = -1$

例題 3 ⬤

因為 $\sqrt{-1} = i$，所以答案 $x = -1$ 確實滿足 $\sqrt{x} + \dfrac{1}{\sqrt{x}} = 0$，但是由

$\sqrt[4]{x} + \dfrac{1}{\sqrt[4]{x}} = -\sqrt{2}$ 也可以推得 $\sqrt{x} + \dfrac{1}{\sqrt{x}} = 0$。因此，這裡要特別小心，

瞭解 $\sqrt[4]{-1}$ 的意義是什麼？$\sqrt[4]{-1}$ 通常表示 -1 的四個 4 次方根：

$\pm\dfrac{1}{\sqrt{2}} \pm \dfrac{1}{\sqrt{2}}i$，滿足 $\sqrt[4]{-1} + \dfrac{1}{\sqrt[4]{-1}} = \sqrt{2}$ 的僅有 $\dfrac{1}{\sqrt{2}} \pm \dfrac{1}{\sqrt{2}}i$；而滿足

$\sqrt[4]{-1} + \dfrac{1}{\sqrt[4]{-1}} = -\sqrt{2}$ 的則是 $-\dfrac{1}{\sqrt{2}} \pm \dfrac{1}{\sqrt{2}}i$。這即是此一例題所想要提供

的訊息。

例題 4 ⬤

正確的答案應該是說：$\{2, -1, \dfrac{1}{2}\} \subset S$。

事實上，S 並不確定，但至少 $2, -1, \dfrac{1}{2}$ 都是它的元素。為何這樣說

呢？

假如取 $3 \in S$，則有 $\dfrac{1}{1-3} = -\dfrac{1}{2} \in S$ 以及 $\dfrac{1}{1-(-\frac{1}{2})} = \dfrac{2}{3} \in S$，但是

$3 \in S$ 並沒有被問題的已知條件所否定，也就是說如果取 $S = \{2, -1,$

$\dfrac{1}{2}, 3, -\dfrac{1}{2}, \dfrac{2}{3}\}$，它仍然也算是問題的一個解。所以，$S$ 是有無限個

可能。

例題 5 ○

雖然 $\frac{1}{x} + \frac{1}{y} = \frac{1}{3}$ 這個答案是正確的，但推導的過程中有個錯誤：

無法由 $2^{x-6} = 5^{6-y}$ 而推得 $x = y = 6$。

事實上，$2^{x-6} = 5^{6-y}$ 是一個未定方程，它有無限多解。設 α 為任意正數，且令 $2^{x-6} = 5^{6-y} = \alpha$，則有 $x = 6 + \log_2 \alpha,\ y = 6 - \log_5 \alpha$，僅當 $\alpha = 1$ 時才有 $x = y = 6$。

正確的解法可以如下：

由
$$2^x = 5^y = 10^3$$

$\Rightarrow$
$$\begin{cases} 2 = 10^{\frac{3}{x}} \\ 5 = 10^{\frac{3}{y}} \end{cases}$$

$$\therefore 10 = 10^{\frac{3}{x} + \frac{3}{y}}$$

故
$$\frac{1}{x} + \frac{1}{y} = \frac{1}{3}$$

例題 6 ○

要留意在推導的過程中是否會引生增根。$xy = \frac{\sqrt{3}}{2} \Rightarrow x^2 y^2 = \frac{3}{4}$，但是 $xy = -\frac{\sqrt{3}}{2}$ 亦能導得 $x^2 y^2 = \frac{3}{4}$。所以四組解 $(x,\ y)$ 之中，只有 $(\frac{\sqrt{6}}{2},\ \frac{\sqrt{2}}{2})$ 及 $(-\frac{\sqrt{6}}{2},\ -\frac{\sqrt{2}}{2})$ 能滿足原式 $xy = \frac{\sqrt{3}}{2}$。

例題 7 ⚫

應取 $a = 1 - \sqrt{2}$ 為答案，因為 $a = 1 + \sqrt{2}$ 不符合 $|\sin\theta + \cos\theta| \leq \sqrt{2}$ 此一事實。

例題 8 ⚫

引用定理時，要留意其設定的條件：對所有實數 x，恆有 $Ax^2 + Bx + C \geq 0$。

在本問題中，因所取之 $u = a^x > 0$，並不符合：對所有實數 u,
$u^2 + (1 - a^2)u - a^2 \geq 0$，因此不能引用該定理。

正確的解法可以如下：

由　　　　　　　　　　　　$a^{2x} + (1 - a^2)a^x - a^2 \geq 0$

得　　　　　　　　　　　　$(a^x + 1)(a^x - a^2) \geq 0$

由於 $a^x + 1$ 恆大於 0，故上述不等式即為：

$$a^x - a^2 \geq 0$$

又由 $a > 1$，即得 $x \geq 2$

參考資料

1. 數系的意義和構造，楊維哲，鹽巴。
2. 理論分析初步，林義雄、林紹雄，問學。
3. 數論導引，華羅庚，凡異。
4. 普通數學教程，楊維哲、蔡聰明，文仁。
5. 統計學初階，賴建業，中央。
6. 高中基礎數學㈣，師大科教中心，國立編譯館。
7. 高中基礎數學㈠、㈡，余文卿等，牛頓。
8. 高中數學實驗教材㈣，黃武雄，國立編譯館。
9. 數學是什麼，吳英格譯，徐氏基金會。
10. 怎樣解題，玻里雅，張憶壽譯。

鸚鵡螺
數學叢書介紹

數學拾貝　　蔡聰明／著

數學的求知活動有兩個階段：發現與證明。並且是先有發現，然後才有證明。在本書中，作者強調發現的思考過程，這是作者心目中的「建構式的數學」，會涉及數學史、科學哲學、文化思想等背景，而這些題材使數學更有趣！

數學悠哉遊　　許介彥／著

你知道離散數學學些什麼嗎？你有聽過鴿籠（鴿子與籠子）原理嗎？你曾經玩過河內塔遊戲嗎？本書透過生活上輕鬆簡單的主題帶領你認識離散數學的世界，讓你學會以基本的概念輕鬆地解決生活上的問題！

微積分的歷史步道　　蔡聰明／著

微積分如何誕生？微積分是什麼？微積分研究兩類問題：求切線與求面積，而這兩弧分別發展出微分學與積分學。微積分最迷人的特色是涉及無窮步驟，落實於無窮小的演算與極限操作，所以極具深度、難度與美。

從算術到代數之路　　—讓 X 噴出，大放光明—　　蔡聰明／著

最適合國中小學生提升數學能力的課外讀物！本書利用簡單有趣的題目講解代數學，打破學生對代數學的刻板印象，帶領國中小學生輕鬆征服國中代數學。

鸚鵡螺數學叢書介紹

數學的發現趣談　　蔡聰明／著

一個定理的誕生，基本上跟一粒種子在適當的土壤、陽光、氣候……之下，發芽長成一棵樹，再開花結果的情形沒有兩樣——而本書嘗試盡可能呈現這整個的生長過程。讀完後，請不要忘記欣賞和品味花果的美麗！

摺摺稱奇：初登大雅之堂的摺紙數學　　洪萬生／主編

共有四篇：
第一篇　用具體的摺紙實作說明摺紙也是數學知識活動。
第二篇　將摺紙活動聚焦在尺規作圖及國中基測考題。
第三篇　介紹多邊形尺規作圖及其命題與推理的相關性。
第四篇　對比摺紙直觀的精確嚴密數學之必要。

機運之謎 ─數學家 Mark Kac 的自傳─　　Mark Kac 著／蔡聰明 譯

上帝也喜愛玩丟骰子的遊戲，用一隻看不見的手，對著「空無」拍擊出「隻手之聲」。因此，大自然的真正邏輯就在於機率的演算。而 Kac 的一生就如同機運般充滿著未知，本書藉由作者的自述，將帶領讀者進入機運的世界。

指考強心針

一到四冊針對重點觀念回顧，經典考題複習
選修數學 地毯式練習，強打 指考重點得分 區域

指考強心針——數學甲　　指考強心針——數學甲　總複習測驗卷
指考強心針——數學乙　　指考強心針——數學乙　總複習測驗卷

配合大考中心公布之指考 數學考科命題方向，
並依據各單元重要性作為內容比重，精心規劃

數學甲 13 單元

數學乙 11 單元

完全貼近大考趨勢，
最適合高三學子考前準備